高等职业教育“十二五”系列教材
21世纪高职高专系列教材（土建类）

建筑制图与识图

主　编　卢　扬　李玉涛
参　编　顾　凯　李江华　刁　静　王玉卓
　　　　范国辉　孙荣荣　张光明　葛德平
　　　　姚　遥　段跃君　周丽珍

机械工业出版社

本书是高等职业教育土建类专业教材，在总体结构与内容安排上充分考虑了当前高等职业教育技能型人才培养的目标及后续课程的实际需要。本书主要介绍了制图的基本知识，投影的基本知识，点、直线和平面的投影，基本体的投影，组合体的投影，建筑形体的表达方式，建筑施工图和结构施工图。本书的特色是理论知识够用，实践训练突出。为强化教学效果，本书配有习题集。

本书可作为土建类各专业的教材，也可作为相关专业人员的参考书。

为方便教学，本书配备电子课件等教学资源。凡选用本书作为教材的教师均可登录机械工业出版社教材服务网 www. cmpedu. com 免费下载。如有问题请致信 cmpgaozhi@ sina. com，或致电 010-88379375 联系营销人员。

图书在版编目（CIP）数据

建筑制图与识图/卢扬，李玉涛主编．—北京：机械工业出版社，2012.7（2023.9 重印）
高等职业教育“十二五”系列教材　21 世纪高职高专系列教材
ISBN 978-7-111-38339-0

Ⅰ.①建…　Ⅱ.①卢…②李…　Ⅲ.①建筑制图-识别-高等职业教育-教材　Ⅳ.①TU204

中国版本图书馆 CIP 数据核字（2012）第 172247 号

机械工业出版社（北京市百万庄大街 22 号　邮政编码 100037）
策划编辑：余茂祚　责任编辑：赵志鹏
版式设计：霍永明　责任校对：张　媛
责任印制：常天培
固安县铭成印刷有限公司印刷
2023 年 9 月第 1 版第 9 次印刷
184mm×260mm ·9 印张 ·218 千字
标准书号：ISBN 978-7-111-38339-0
定价：25.00 元

电话服务　网络服务
客服电话：010-88361066　机　工　官　网：www. cmpbook. com
010-88379833　机　工　官　博：weibo. com/cmp1952
010-68326294　金　书　网：www. golden-book. com

机工教育服务网：www. cmpedu. com

21 世纪高职高专系列教材
编 委 会 名 单

前　言

本书是按照高等职业教育土建类专业人才培养的要求，总结编者多年来从事建筑制图与识图教学的经验，特别是对学生进行制图与识图实践训练的教学经验，结合大部分高职院校对建筑制图与识图课程改革的需要而编写的。本书以建筑工程制图的基本能力的培养为切入点，略去了一些比较繁琐的理论知识，重点突出实践应用。

本书由河南工业职业技术学院卢扬、李玉涛共同担任主编，负责全书的统稿、修改、定稿。河南工业职业技术学院、李江华、刁静、王玉卓、范国辉、孙荣荣，浙江工业职业技术学院张光明，肇庆科技职业技术学院葛德平，河南省南阳市建设工程质量监督检验站顾凯、姚遥、段跃君、周丽珍等参加了编写。具体分工如下：第 1 章、第 2 章由刁静、张光明编写，第 3 章、第 4 章由李江华、孙荣荣、葛德平编写，第 5 章、第 6 章、第 7 章由卢扬、姚遥、段跃君、周丽珍、范国辉等编写，第 8 章、第 9 章由李玉涛、王玉卓、范国辉、顾凯等编写。

由于编者水平有限，书中缺点和错误在所难免，敬请有关专家、同行和广大读者指正，以便进一步修改与完善。

编　者

目　　录

第1章 绪　　论

1.1 本课程的性质和作用

工程图样是工程界的语言。所谓工程图样，就是表达工程对象，即建筑物的形状、大小、构造以及各组成部分相互关系的图样。它是用来表达设计意图、交流技术思想的重要工具，也是用来指导生产、施工、管理等技术工作的重要文件。不会读图，就无法理解别人的设计意图；不会画图，就无法表达自己的设计构思。凡是从事建筑工程设计、施工、管理的工程技术人员都离不开图样，作为建筑工程方面的技术人员，必须具备熟练地阅读本专业工程图样的能力，才能更好地从事工程技术工作。

本课程的主要作用是研究绘制和阅读建筑图样的原理和方法，以培养学生的空间想象能力、空间构型能力和工程图的阅读与绘制能力，它是土建类专业的一门主要的专业基础课，为学生学习后续课程和完成课程设计、毕业设计打下必要的基础。

1.2 本课程的目的和任务

学习本课程的主要目的就是培养绘图和读图的能力，并通过实践培养学生的空间思维能力。在教学过程中还要有意识地培养学生的自学能力、创造能力、审美能力以及认真负责、严谨细致的工作作风。

本课程的主要任务：

1）学习投影法（主要是正投影法）的基本理论及其应用。

2）学习并贯彻与制图相关的国家标准和有关规定。

3）培养绘制和阅读本专业及相关专业工程图样的能力。

4）培养空间想象能力和空间几何问题的分析图解能力。

1.3 本课程的学习方法

1）理论联系实际。建筑制图是建筑各专业的基础课程，理论性比较强，也比较抽象，对初学者来说是全新的概念。所以在学习时必须加强实践，并且要及时复习、及时完成作业。

2）培养空间想象能力。本课程图形较多，无论是在学习时，还是做作业时，都要画图和读图相结合，能够从空间到平面并能从平面又回到空间。

3）遵守国家标准的有关规定。在解决建筑制图的有关问题时，要遵守国家标准和有关规定，按照正确的方法和步骤作图，养成正确使用绘图工具的习惯。

4）注重自学能力的培养。上课前应预习教材的有关内容，然后带着疑难问题去听讲，课后应认真、独立地完成作业。

5）认真负责，严谨细致。建筑图样是施工的依据，图样上一条线的疏忽或者一个数字的差错都会造成严重的返工浪费。因此初学者应该严格要求自己，养成认真负责、严谨细致的工作作风。

第 2 章　制图的基本知识

2.1　制图工具及其使用

手绘建筑图样一般都是借助制图工具绘制的。工程图样绘制的质量高低与绘图工具的质量好坏有直接的关系，同时也与其使用方法正确与否密切相关。下面介绍几种常用的绘图工具。

2.1.1　图板、丁字尺、三角板

1. 图板　图板是用来安放图纸进行画图的工具，均用木料制成。板面要求平整光滑，图板四周镶有硬木边框。图板的短边为工作边，必须保持平直，它是丁字尺的导边。在图板上固定图纸时，要用胶带纸将图纸贴在图板四角上，并使图纸下方留有放丁字尺的位置，如图 2-1 所示。

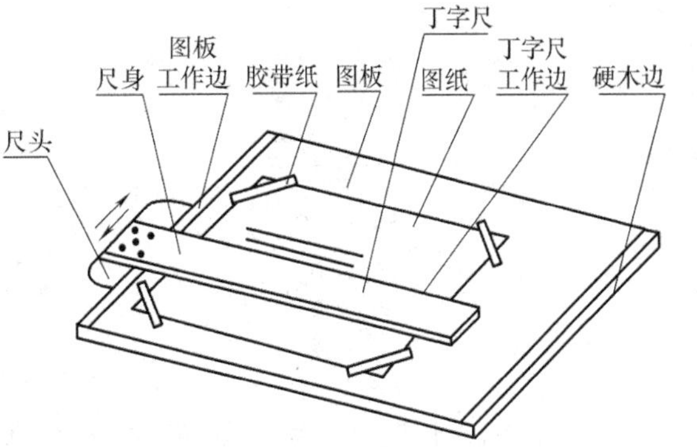

图 2-1　图板及丁字尺

图板大小的选择一般应与绘图纸张的尺寸相适应，一般有 0 号图板（900mm × 1200mm）、1 号图板（600mm × 900mm）及 2 号图板（450mm × 600mm）等。

2. 丁字尺　丁字尺由相互垂直的尺头和尺身组成。尺头与尺身垂直并连接牢固，尺身沿长度方向带有刻度的侧边为工作边。丁字尺与图板配合画水平线。使用时必须将尺头内侧紧靠图板左侧导边，然后上下移动，并将尺身上边沿对准画线位置，按住尺身从左向右、自上而下逐条画线，如图 2-2 所示。使用时只能将尺头靠在图板的左侧导边，而不能靠在图板的其他边上使用，也不能在尺身的下边画线。不要用小刀靠在工作边上裁纸。丁字尺用完后，宜竖直挂起来，不要随便靠在桌边或墙边，以防止尺身变形和尺头松动。

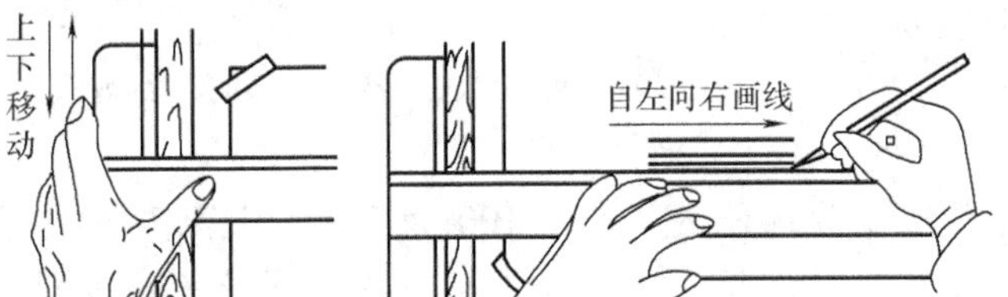

图 2-2　上下移动丁字尺及画水平线的手势

3. 三角板　三角板由两块（45°直角三角板和 60°直角三角板）组成一副，如图 2-3 所示。三角板除了直接用来画直线外，与丁字尺配合还可以画出垂直线以及与水平方向成 15°或者 15°倍角的斜线，也能画出这些线的平行线，如图 2-4 所示。两块三角板配合使用时，可以画出各种角度的相互平行或垂直的线，如图 2-5 所示。

图 2-3　三角板

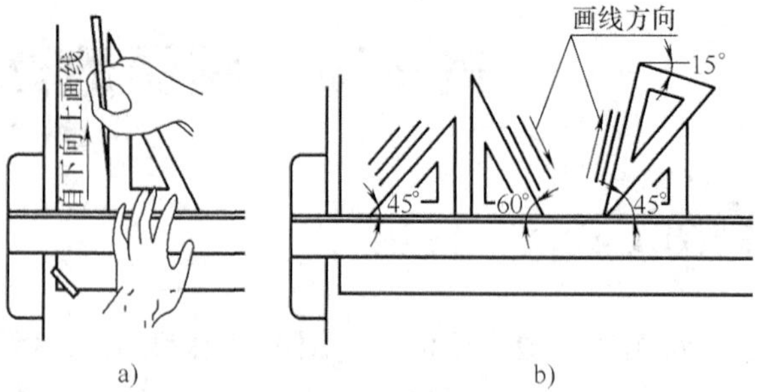

图 2-4　三角板与丁字尺配合画垂直线和各种斜线

图 2-5　用三角板画平行线及垂直线

画垂直线时，使丁字尺尺头紧靠图板工作边，三角板的一边紧靠丁字尺的尺身，然后用左手按住丁字尺和三角板，右手握笔画线，且应靠在三角板的左边自下而上画线。画 30°、45°、60°倾斜线时均需丁字尺和三角板配合使用；画 5°、105°倾斜线时，需两只三角板和丁字尺配合使用。

2.1.2　比例尺

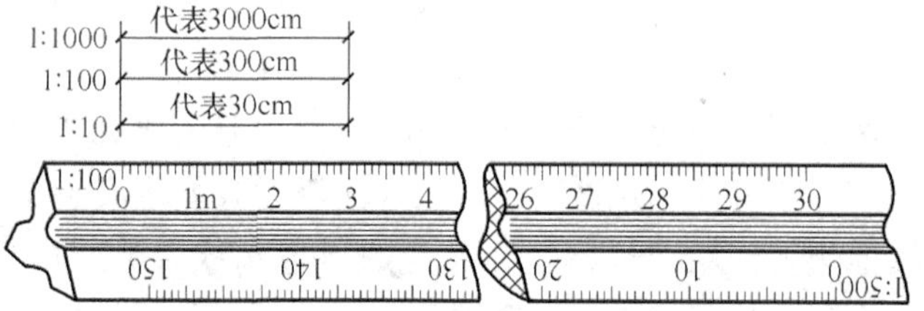

图 2-6　比例尺

比例尺是用来按一定比例量取长度的专用量尺，如图 2-6 所示。常用的比例尺有两种：一种外形成三棱柱体，上有六种不同的刻度称为三棱尺。三棱尺的三个棱面上刻有 6 种刻度，分别表示 1∶100、1∶200、1∶300、1∶400、1∶500、1∶600 这 6 种比例。另一种外形像直尺，上有三种不同的刻度，称为比例直尺。

比例尺上的数字是以米为单位的。以 1∶100 为例，尺上刻度 m 是表示实际尺寸为 1m 长，也就是说，尺上 0 ~ 1m 处的长度是实际尺寸 1m 的百分之一。画图时可按所需比例，用尺上标注的刻度直接量取而不需换算。例如，按 1∶200 的比例画出长度为 3600 单位的图线，可在比例尺上找到 1∶200 的刻度一边，直接量取相应刻度即可。

2.1.3　圆规和分规

1. 圆规　圆规是用来画圆及圆弧的工具。圆规一般附有铅芯插腿、钢针插腿、直线笔插腿和延伸杆等，如图 2-7 所示。在使用前应该调整圆规带针插脚，使针尖略长于铅芯。圆规铅芯应磨削成 5°的斜面，如图 2-8 所示。在画图时，将带针插脚轻轻插入圆心处，使带铅笔芯的插脚接触图纸，然后转动圆规手柄，沿顺时针方向画圆。画大圆时，要在圆规插脚上接延长杆，使针尖与铅芯都垂直于纸面，左手按住针尖，右手转动带铅芯的插脚画圆，如图 2-9 所示。

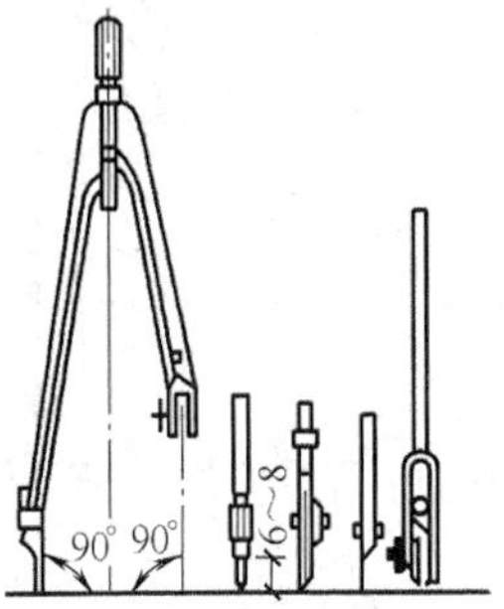

图 2-7　圆规

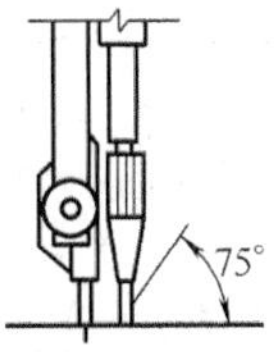

图 2-8　圆规铅芯

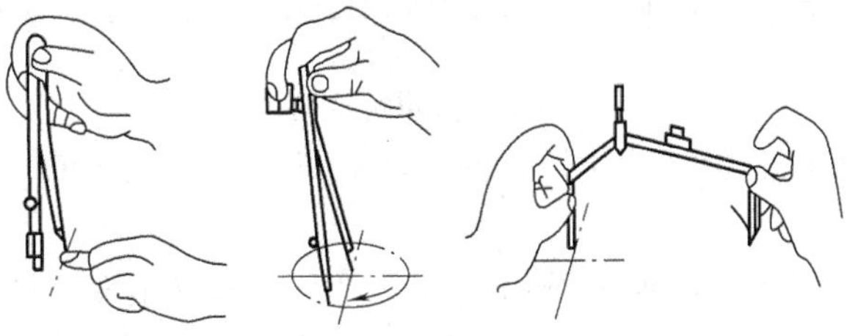

图 2-9　圆规的用法

2. 分规　分规是截量长度和等分线段的工具，其形状与圆规相似，但两腿都装有钢针。为了能准确地量取尺寸，分规的两针尖应保持尖锐，使用时两针尖应调整到平齐。两针尖合拢时应该会合成一点，如图 2-10 所示。等分线段时，经过试分，逐渐地使分规两针尖调到所需距离。然后在图样上使两针尖沿要等分的线段依次摆动前进，如图 2-11 所示。

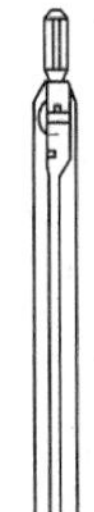

图 2-10　分规针尖应对齐

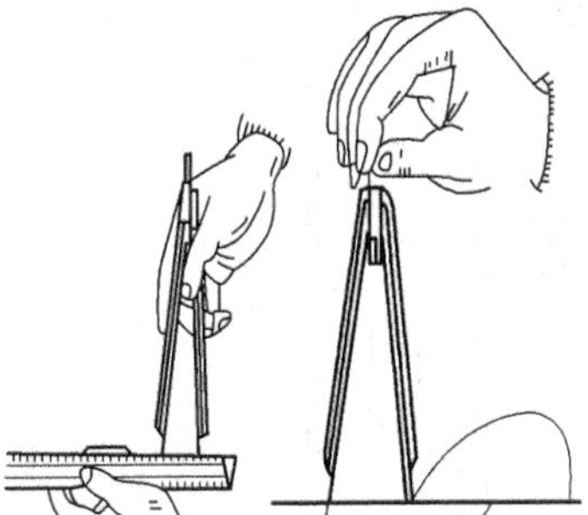

图 2-11　分规的使用方法

2.1.4　模板、擦图片和曲线板

1. 建筑模板　建筑模板主要用来画各种建筑标准图例和常用符号，如柱、墙、详图索引符号、轴线圆圈等。模板上刻有可以画出各种不同图例或符号的孔，如图 2-12 所示。其大小符合一定的比例，只要用笔沿孔内画一周，图例就出来了，可以提高制图效率。

2. 擦图片　擦图片是用来修改图线的。为了防止擦掉一条画错的图线时影响到其邻近图线的完整性，就应该使用擦图片。擦图片常用薄金属片或薄塑料片制成，上面刻有各种形

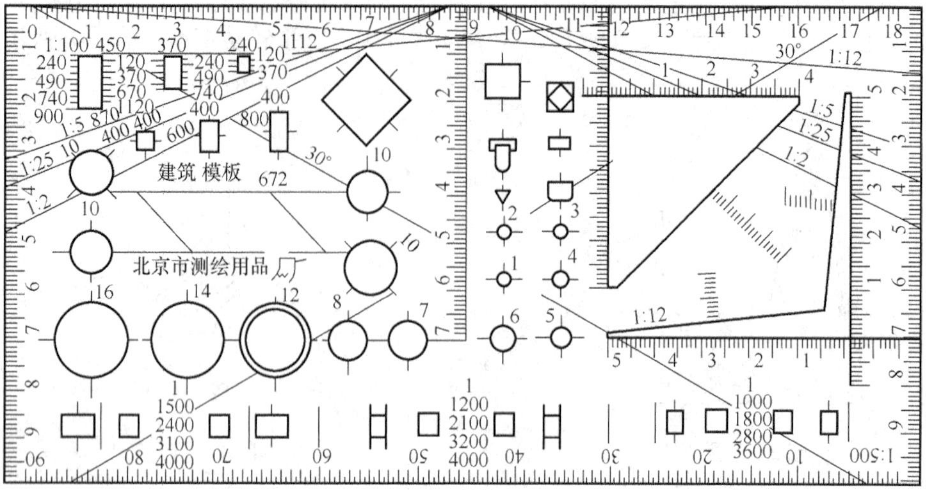

图 2-12　建筑模板

状的槽孔，如图 2-13 所示。擦线时应使画错了的线段在板上适当的小孔中露出来，擦去孔内的图线后重新画。

3. 曲线板　曲线板是用来绘制非圆曲线的工具，其式样很多，曲率大小各不相同，如图 2-14a 所示。绘制非圆曲线时，首先要求得曲线上足够数量的点图，如图 2-14b 所示；并徒手将各点连成曲线，如图 2-14c 所示；然后选用适当的曲线板，找出曲线板上与所画曲线吻合的一段，沿着曲线板边缘画出该段曲线，如图 2-14d 所示。

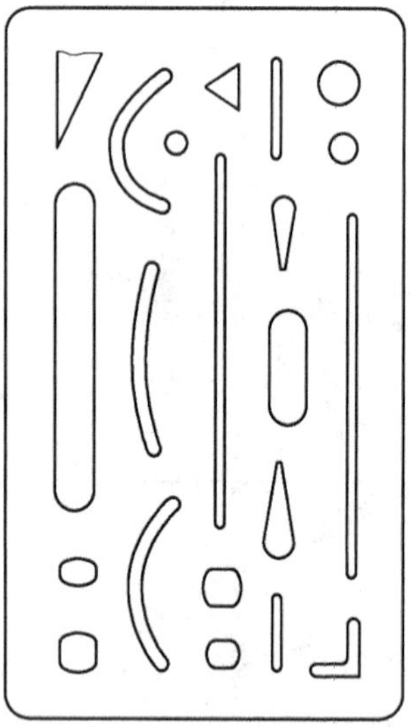

图 2-13　擦图片

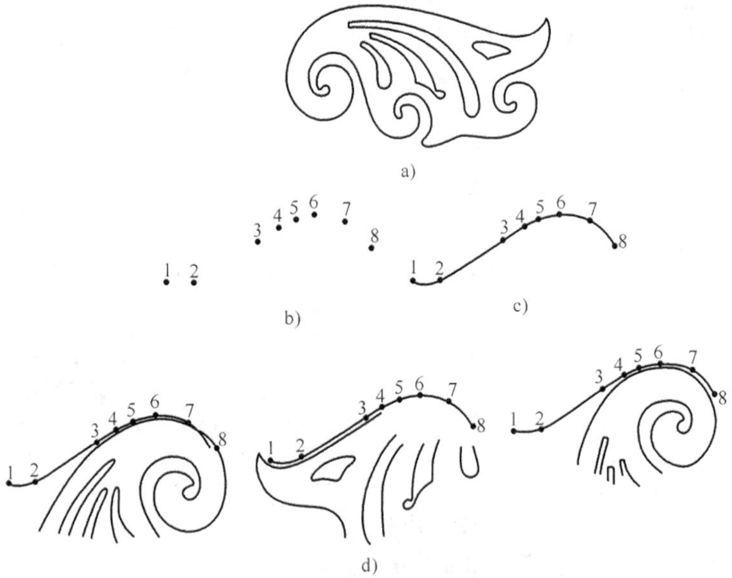

图 2-14　曲线板及其用法

a）曲线板　b）足够数量的点　c）徒手连接各点　d）沿曲线板画曲线

2. 1. 5　铅笔和针管笔

1. 铅笔　铅笔是用来画图或写字的。其型号以铅芯的软硬程度来划分：H 表示硬；B

表示软；H 或 B 前面的数字越大表示铅芯越硬或越软。绘制工程图时，常使用 H 或 2H 打底稿，徒手作图可用 HB 或 B 的铅笔，而用 B 或 2B 的铅笔来加深。削铅笔时要注意保留有标号的一端，以便使用时容易区分其软硬程度。铅笔尖应削成锥形，铅笔芯露出长度宜为 6 ~ 8mm。使用铅笔绘图时用力要均匀，用力过大会刮破图样或在纸上留下凹痕，甚至折断铅笔芯。画长线时要边画边转动铅笔，使线条粗细一致。画线时，从正面看笔身应倾斜约 60°，从侧面看笔身应垂直，如图 2-15 所示。画线时持笔的姿势要自然，要使笔尖与尺边距离保持一致，线条才能画得平直准确。

2. 针管笔　针管笔又叫直线笔，由针管、通针、吸墨管和笔套组成，如图 2-16 所示，其作用是画墨线或描图。针管笔能够像普通的钢笔一样吸取墨水，笔尖的管径从 0. 1 ~1. 2mm 有多种规格，可视线型粗细选用。针管笔用后要及时清洗干净，以防墨水堵塞针管。使用针管笔画线时，速度要均匀，起落笔的速度要略快，以免在起端和末端使线条变粗。

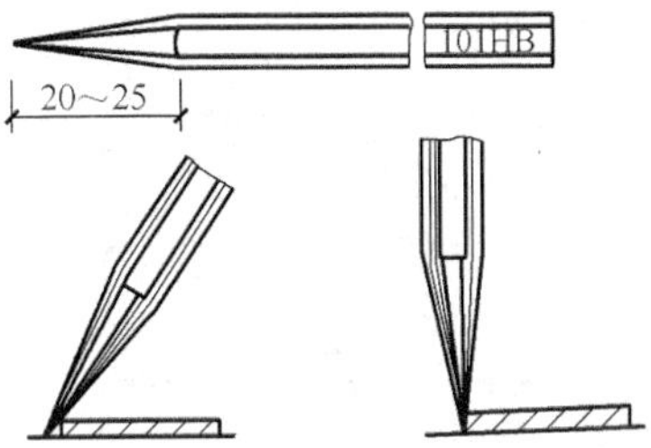

图 2-15　铅笔及其用法

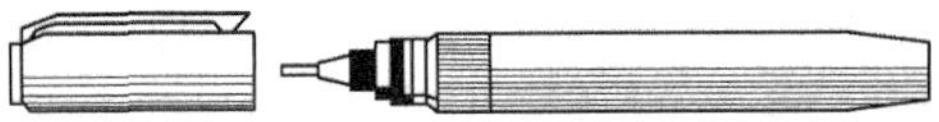

图 2-16　针管笔

2. 2　制图标准的基本规定

建筑图是用来表达设计内容的，是施工的依据。为了使图样的画法统一、图面清晰、便于技术交流、提高设计和施工的效率，就必须在图的格式、内容和表达方法等方面有统一的标准。建设部于 2010 年 08 月 18 日发布了《房屋建筑制图统一标准》GB/T 50001—2010，并于 2011 年 3 月 1 日正式实施。学习建筑制图要严格执行国家制图标准的有关规定。

2. 2. 1　图幅

图幅是指图纸宽度与长度组成的图面。图框是图纸上所供绘图范围的边线。凡是设计图纸的大小必须符合表 2-1 所示的规定。表中代号代表的图纸幅面及格式，如图 2-17 所示。

表 2-1　图纸幅面及图框尺寸　（单位：mm）

幅面代号 / 尺寸	A0	A1	A2	A3	A4
$b \times l$	841 ×1189	594 ×841	420 ×594	29 ×420	210 ×29
c	10			5	
a	25				

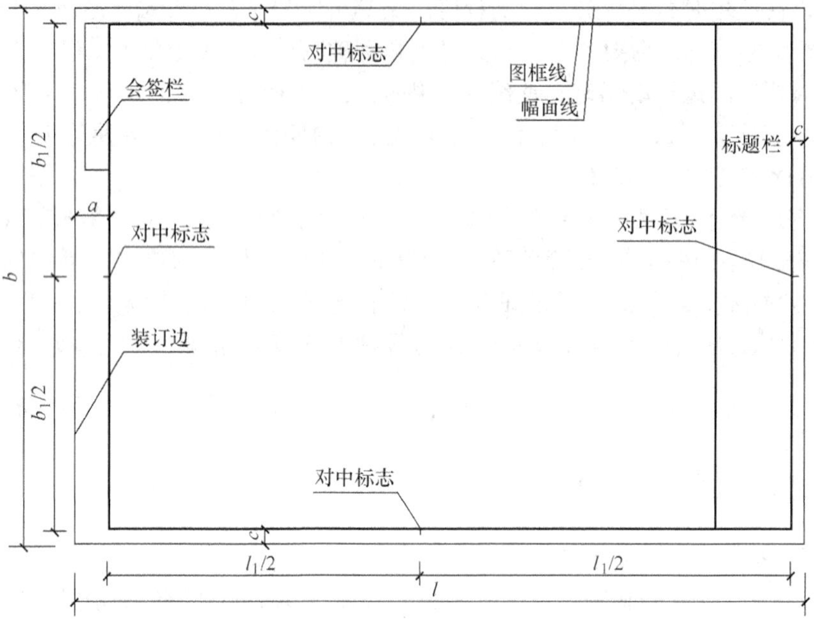

a)

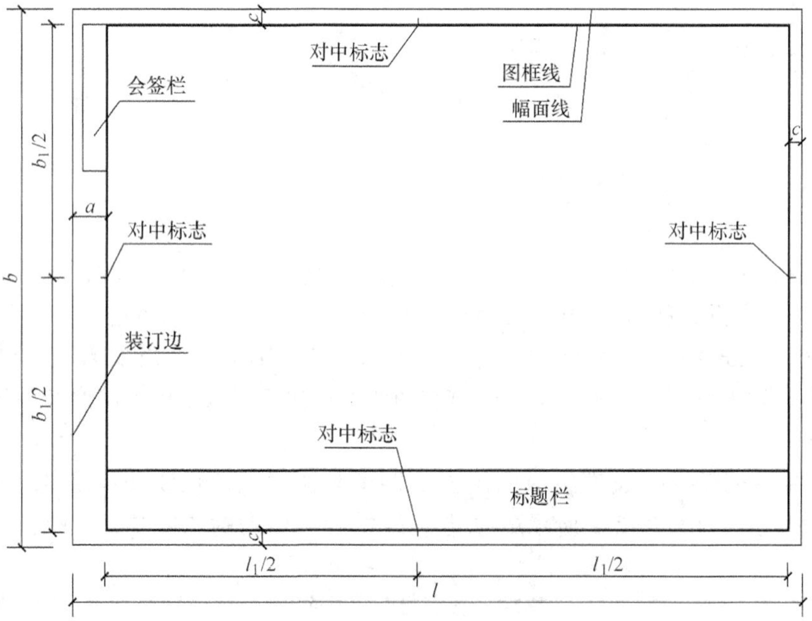

b)

图 2-17　图纸幅面及格式

a）A0～A3 横式幅面（一）　b）A0～A3 横式幅面（二）

c）A0～A4 立式幅面（一）　d）A0～A4 立式幅面（二）

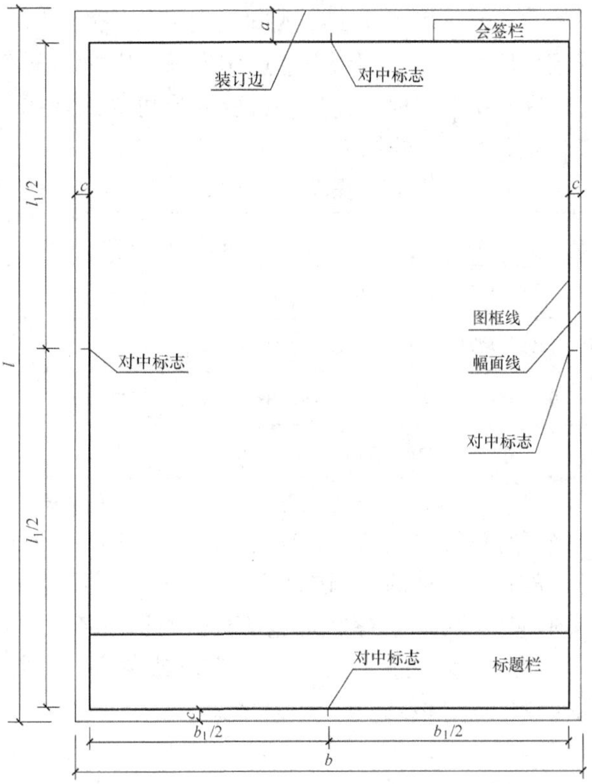
会签栏
装订边
对中标志
a
c
l
$l_1/2$
图框线
幅面线
对中标志
对中标志
对中标志
标题栏
$b_1/2$
$b_1/2$
b

c)

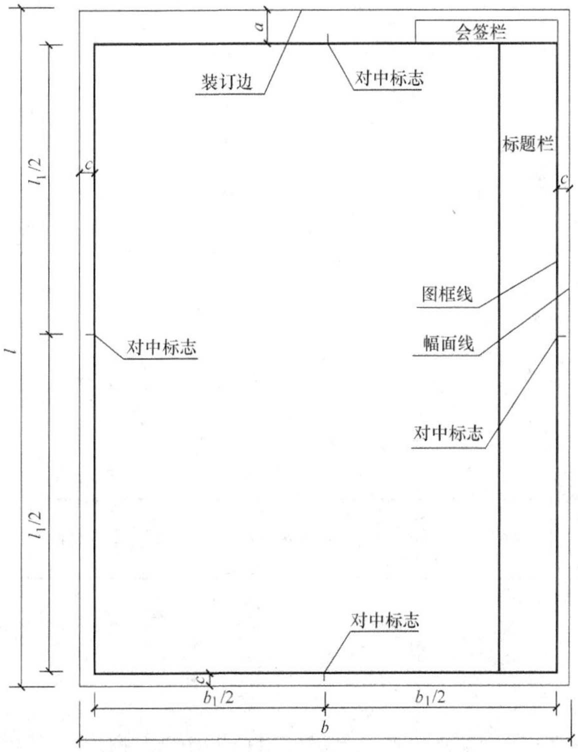
会签栏
装订边
对中标志
a
c
标题栏
l
$l_1/2$
图框线
幅面线
对中标志
对中标志
对中标志
$b_1/2$
$b_1/2$
b

d)

图 2-17　（续）

图纸幅面尺寸相当于$\sqrt{2}$系列，即$l=\sqrt{2}b$。A0 号图幅的面积为 $1m^2$，A1 号图幅是 A0 号图幅的对开，其他图纸幅面依此类推。图纸以短边作为垂直边的为横式，以短边作为水平边的为立式。一般 A0 ~ A3 图纸宜采用横式使用，必要时也可立式使用。图纸短边不得加长，长边可以加长，但应符合表 2-2 所示的规定。

表 2-2　图纸长边加长尺寸　　（单位：mm）

幅面代号	长边尺寸	长边加长后尺寸
A0	1189	1486　1635　1783　1932　2080　2230　2378
A1	841	1051　1261　1471　1682　1892　2102
A2	594	743　891　1041　1189　1338　1486　1635　1783　1932　2080
A3	420	630　841　1051　1261　1471　1682　1892

注：有特殊需要的图纸，可采用 $b\times l$ 为 841mm × 891mm 与 1189mm × 1261mm 的幅面。

图样的标题栏是用来填写设计单位名称、项目经理、修改记录、工程名称、图号以及注册师的签名等内容，通常放置在图框的右侧或下侧，根据工程的需要选择确定其尺寸、格式及分区。标题栏格式如图 2-18 所示。签字栏应包括实名列和签名列。涉外工程的标题栏内，各项主要内容的中文下方应附有译文，设计单位的上方或左方，应加“中华人民共和国”字样。推荐学生用制图作业标题栏格式如图 2-19 所示。

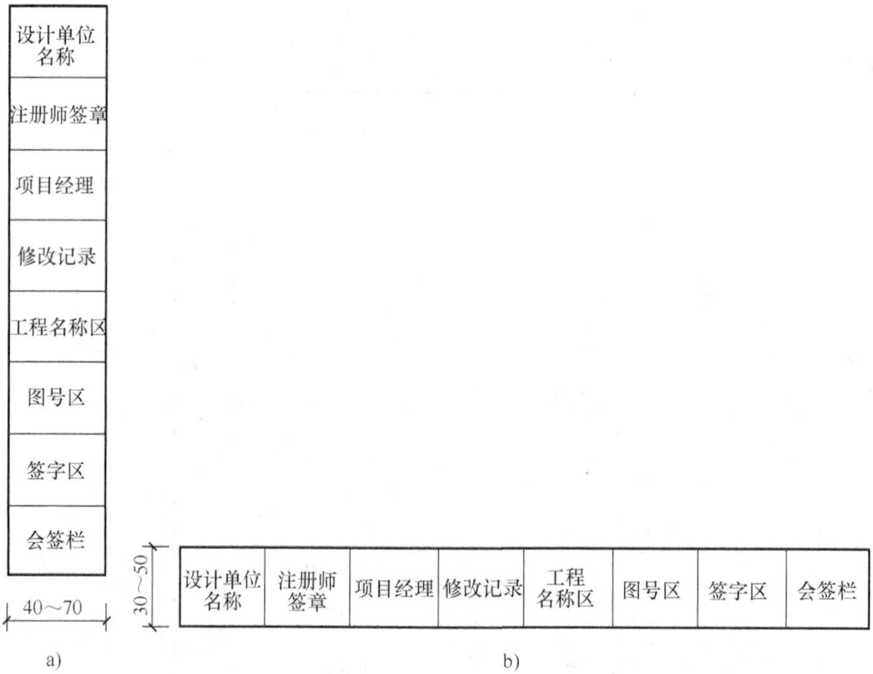

图 2-18　标题栏

会签栏是为各工种负责人签署专业、姓名、日期用的表格。会签栏画在图框线外，其尺寸为 100mm × 20mm。不需会签的图纸可不设会签栏。会签栏如图 2-20 所示。

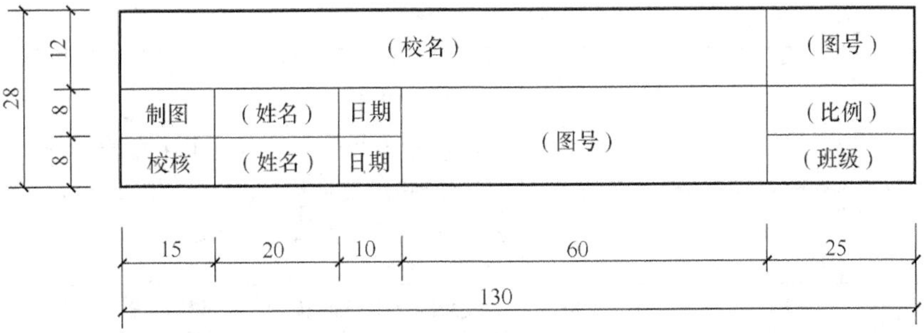

图 2-19　制图作业标题栏推荐格式

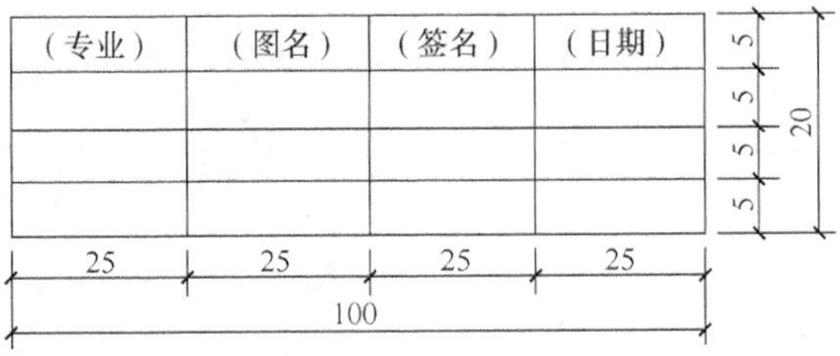

图 2-20　会签栏

2.2.2　图线

图线是指起点和终点间以任何方式连接的一种几何图形，形状可以是直线或曲线，连续线和不连续线。画在图样上的线条统称图线。任何建筑图样都是用图线绘制而成的，为了突出重点、分清层次，以区别不同的内容，需要采用不同的线型和线宽。在建筑工程图中，常用的几种图线的名称、线型、线宽和一般用途见表 2-3。

表 2-3　图线

名称		线型	线宽	用　途
实线	粗		b	1. 平、剖面图中被剖切的主要建筑构造（包括构配件）的轮廓线 2. 建筑立面图或室内立面图的外轮廓线 3. 建筑构造详图中被剖切的主要部分的轮廓线 4. 建筑构配件详图中的外轮廓线 5. 平、立、剖面的剖切符号
	中粗		$0.7b$	1. 平、剖面图中被剖切的次要建筑构造（包括构配件）的轮廓线 2. 建筑平、立、剖面图中建筑构配件的轮廓线 3. 建筑构造详图及建筑构配件详图中的一般轮廓线
	中		$0.5b$	小于 $0.7b$ 的图形线、尺寸线、尺寸界限、索引符号、标高符号、详图材料做法引出线、粉刷线、保温层线、地面、墙面的高差分界线等
	细		$0.25b$	图例填充线、家具线、纹样线等

（续）

名称		线型	线宽	用途
虚线	中粗		0.7b	1. 建筑构造详图及建筑构配件不可见的轮廓线 2. 平面图中的起重机（吊车）轮廓线 3. 拟建、扩建建筑物轮廓线
	中		0.5b	投影线、小于0.5b的不可见轮廓线
	细		0.25b	图例填充线、家具线等
单点长划线	粗		b	起重机（吊车）轨道线
	细		0.25b	中心线、对称线、定位轴线
折断线	细		0.25b	部分省略表示时的断开界线
波浪线	细		0.25b	部分省略表示时的断开界线，曲线形构间断开界限 构造层次的断开界限

注：地平线宽可用1.4b。

图线的宽度 b，宜从 1.4mm、1.0mm、0.7mm、0.5mm、0.35mm、0.25mm、0.18mm、0.13mm 线宽系列中选取。图线宽度不应小于 0.1mm。每个图样，应根据复杂程度与比例大小，先选定基本线宽 b，再选用表 2-4 中相应的线宽组。

表 2-4　线宽组　（单位：mm）

线宽比	线宽组			
b	1.4	1.0	0.7	0.5
0.7b	1.0	0.7	0.5	0.35
0.5b	0.7	0.5	0.35	0.25
0.25b	0.35	0.25	0.18	0.13

注：1. 需要微缩的图样，不宜采用0.18mm及更细的线宽。
2. 同一张图样内，各不同线宽中的细线，可统一采用较细的线宽组的细线。

图框线、标题栏线的宽度见表 2-5。

表 2-5　图框线、标题栏线的宽度　（单位：mm）

幅面代号	图框线	标题栏外框线	标题栏分格线
A0、A1	b	0.5b	0.25b
A2、A3、A4	b	0.7b	0.35b

画线时还应注意下列几点：

1）在同一张图样内，相同比例的各图样应采用相同的线宽组。

2）相互平行的图例线，其净间隙或线中间隙不宜小于 0.2mm。

3）虚线、单点长画线或双点长画线的线段长度和间隔宜各自相等。

4）单点长画线或双点长画线，当在较小图形中绘制有困难时，可用实线代替。

5）单点长画线或双点长画线的两端不应是点。点画线与点画线交换点或点画线与其他图线交接时，应使线段交接。

6）虚线与虚线交接或虚线与其他图线交接时，应使线段交接。虚线为实线的延长线时，不得与实线连接。它们的正确画法和错误画法如图 2-21 所示。

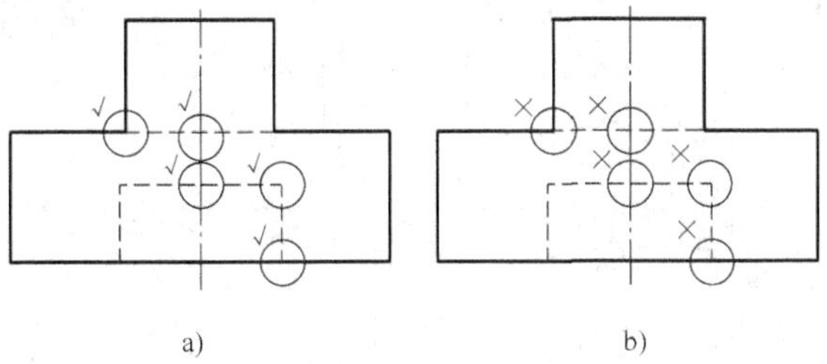

图 2-21　虚线交接的画法

a）正确　b）错误

7）图线不得与文字、数字或符号重叠、混淆，不可避免时，应首先保证文字等的清晰。

2.2.3　字体

工程图样上的文字、数字或符号等必须用黑墨水书写，均应笔画清晰、字体端正、排列整齐，标点符号应清楚正确。汉字、数字、字母等字体的大小以字号来表示，字号就是字体的字高。图样中字体的大小应依据图纸幅面、比例等情况从表 2-6 中选用。字高大于 10mm 的文字宜采用 TRUETYPE 字体，如需书写更大的字，其高度应按$\sqrt{2}$的比值递增。

表 2-6　文字的字高　（单位：mm）

字体种类	中文矢量字体	TRUETYPE 字体及非中文矢量字体
字高	3.5、5、7、10、14、20	3、4、6、8、10、14、20

1. 汉字　图样及说明中的汉字，宜采用长仿宋体（矢量字体）或黑体，同一图样字体种类不应超过两种。长仿宋体的宽度与高度的关系应符合表 2-7 的规定，黑体字的宽度与高度应相同。长仿宋体字的书写要领：横平竖直，起落分明，填满方格，结构匀称。

表 2-7　长仿宋体字高宽关系表　（单位：mm）

字高	20	14	10	7	5	3.5
字宽	14	10	7	5	3.5	2.5

（1）横平竖直　横笔基本要平，可稍微向上倾斜一点。竖笔要直，笔画要刚劲有力。

（2）起落分明　长仿宋体字的基本笔画为横、竖、撇、捺、挑、点、钩、折。横、竖的起笔和收笔，撇的起笔，钩的转角等都要顿一下笔，形成小三角。

（3）填满方格　上下左右笔锋要尽可能地靠近字格，但也有例外的，如日、口、月、二等字都要比方格略小。

（4）结构匀称　要注意字体的结构，即妥善安排字体各个部分应占的比例，笔画布局要均匀紧凑。长仿宋体字示例如图 2-22 所示。

2. 数字和字母　图样及说明中的拉丁字母、阿拉伯数字与罗马数字，宜采用单线简体或 ROMAN 字体。数字和字母有斜体和正体，如需写成斜体字，其斜度应是从字的底线逆时针向上倾斜 75°，如图 2-23 所示。斜体字的高度和宽度应与相应的直体字相等。数字和字母的字高，不应小于 2.5mm。数量的数值注写，应采用正体阿拉伯数字。各种计量单位凡前面有量值的，均应采用国家颁布的单位符号注写。单位符号应采用正体字母。分数、百分数和比例数的注写，应采用阿拉伯数字和数学符号。当注写的数字小于 1 时，应写出个位的“0”，小数点应采用圆点，齐基准线书写。当数字、字母和汉字写在一起时，数字、字母比汉字宜小一个字号。书写规则应符合表 2-8 的规定。

图 2-22　长仿宋字体示例

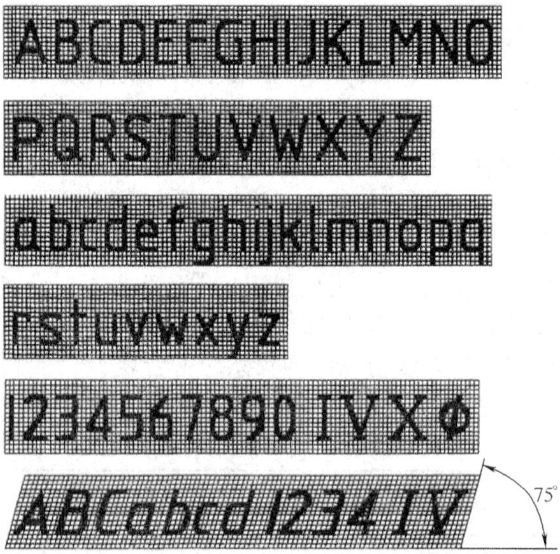

图 2-23　拉丁字母、阿拉伯数字、罗马数字书写规则

表 2-8　字母、数字的书写规则

书写格式	字体	窄字体
大写字母高度	h	h
小写字母高度（上下均无延伸）	$7/10h$	$10/14h$
小写字母伸出的头部或尾部	$3/10h$	$4/14h$
笔画宽度	$1/10h$	$1/14h$
字母间距	$2/10h$	$2/14h$
上下行基准线的最小间距	$15/10h$	$21/14h$
词间距	$6/10h$	$6/14h$

2.2.4　比例

图样的比例，应为图形与实物相对应的线型尺寸之比。比例的大小是指其比值的大小，

如1∶50大于1∶100。比例的符号为“∶”，比例应以阿拉伯数字表示。比例宜注写在图名的右侧，字的基准应取水平；比例的字高宜比图名的字高小一号或二号，如图2-24所示。

平面图 1∶100　　⑥ 1∶20

图2-24　比例的注写

绘图时所用的比例，应根据图样的用途和被绘对象的复杂程度，从表2-9中选用，并优先选用表中的常用比例。一般情况下，一个图样应选用一种比例。根据专业制图的需要，同一图样可选用两种比例。当一张图样中只有一种比例时，也可将该比例单独书写在图样的标题栏内。特殊情况下也可自选比例，这时除应注出绘图比例外，还必须在适当位置绘制出相应的比例尺。

表2-9　绘图所用的比例

常用比例	1∶1、1∶2、1∶5、1∶10、1∶20、1∶30、1∶50、1∶100、1∶150、1∶200、1∶500、1∶1000、1∶2000
可用比例	1∶3、1∶4、1∶6、1∶15、1∶25、1∶40、1∶60、1∶80、1∶250、1∶300、1∶400、1∶600、1∶5000、1∶10000、1∶20000、1∶50000、1∶100000、1∶200000

2.2.5　尺寸标注

1. 尺寸的组成　建筑工程图中的图形只能表达建筑物的形状及材料等内容，而不能反映建筑物的大小。建筑物的大小由尺寸来确定。有了尺寸的图样才能作为施工的依据。尺寸一般由尺寸线、尺寸界线、尺寸起止符号、尺寸数字4个部分组成，如图2-25所示。

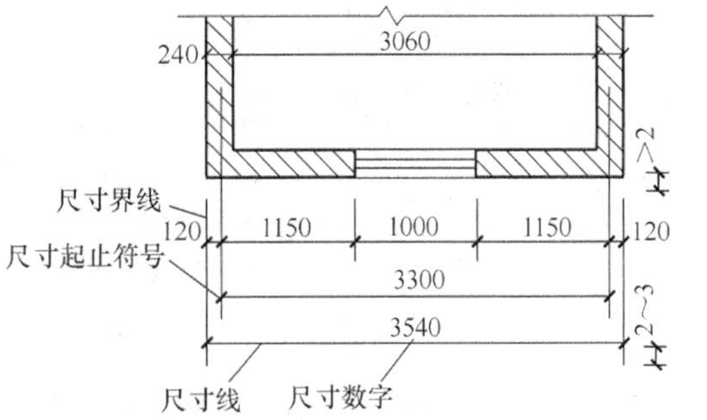

图2-25　尺寸的组成

（1）尺寸界线　尺寸界线是用来控制所标注尺寸的范围，用细实线绘制，应与所要标注的长度垂直。其一端应离开图样轮廓线不小于2mm，另一端超过尺寸线2～3mm。必要时，图样的轮廓线、轴线和中心线可以作为尺寸界线。

（2）尺寸线　尺寸线是用来注写尺寸的，用细实线绘制，应与所要标注的长度平行，且垂直于尺寸界线，不宜超出尺寸界线。互相平行的尺寸线，应从被注的图样轮廓线由近向远整齐排列，小尺寸应离轮廓线较近，大尺寸应离轮廓线较远。图样轮廓线以外的尺寸线，距图样最外轮廓线之间距离不宜小于10mm，平行排列的尺寸线的间距为7～10mm，并应该保持一致。图样上任何图线或其延长线均不得用作尺寸线。

（3）尺寸起止符号　尺寸起止符号是表示尺寸的起点和止点。建筑工程中的起止符号一般用中短粗斜线绘制，长度为2～3mm，其倾斜方向与尺寸界线成顺时针45°。半径、直径、角度和弧长的尺寸起止符号，宜用箭头表示，如图2-26所示。

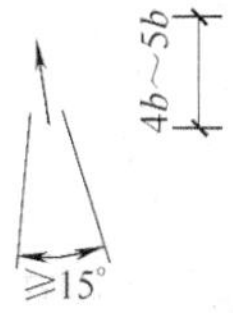

图2-26　箭头尺寸起止符号

（4）尺寸数字　尺寸数字必须用阿拉伯数字注写。建筑工程图样中的尺寸数字表示建筑物或者构件的实际尺寸，它是建筑施工的主要依据。建筑工程图中标注的尺寸，除了标高和总平面图以m为单位外，其他均以mm为单位。标注尺寸时不需注写单位。

在建筑工程图样中进行尺寸标注，当尺寸线是水平方向时，尺寸数字应该尽量注写在尺寸线的上方中部，字头向上，如果没有足够的注写位置，最外的尺寸数字可以注写在尺寸界线的外侧，中间相邻的尺寸数字可上下错开注写，也可以用引出线引出注写，引出线端部用圆点表示标注尺寸的位置，如图 2-27 所示；当尺寸线是竖直方向时，尺寸数字应尽量注写在尺寸线的左方中部，字头向左；当尺寸线为其他方向时，要注意其注写方向如图 2-28a 所示，若尺寸数字在 30°斜线区内，也可按图 2-28b 的形式注写。

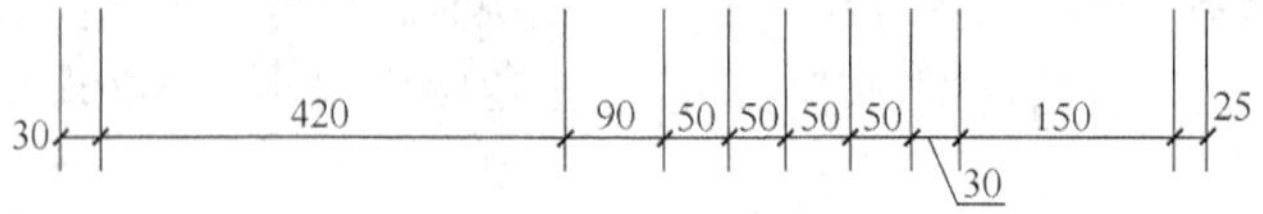

图 2-27　尺寸数字的注写位置

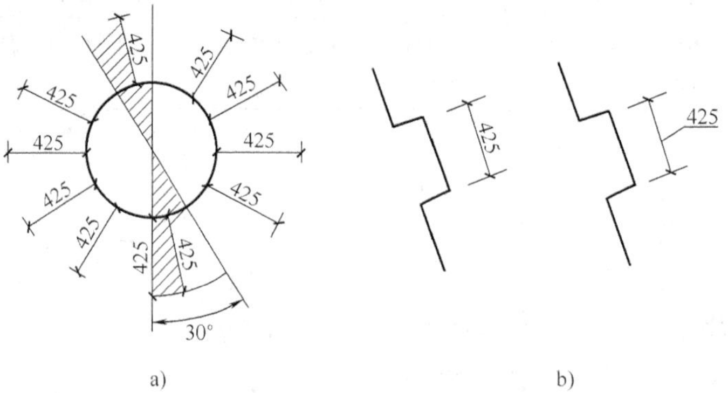

图 2-28　尺寸数字的注写方向

尺寸数字应该尽量注写在图样的轮廓线之外，图线不得穿过尺寸数字；不可避免时，应该将尺寸数字处的图线断开，如图 2-29 所示。

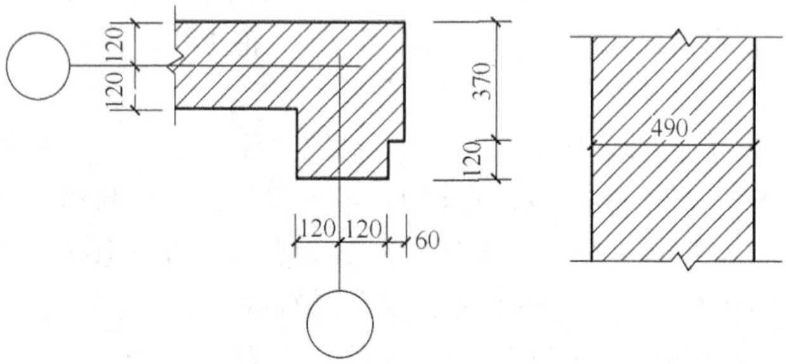

图 2-29　尺寸数字注写

2. 尺寸注法示例

（1）圆、圆弧、球的尺寸标注　圆或者大于半圆的弧，一般标注直径。尺寸线通过圆心，两端指向圆弧。用箭头作为尺寸的起止符号，并在直径数字前加注直径符号 Φ；对于较小圆的尺寸，可将尺寸标注在圆外，用引出线引出，引出线通过圆心；球的尺寸标注和圆的尺寸标注是一样的，只是在注写球的直径时应在直径符号前加写 S。

半径或者小于半圆的圆弧，一般标注半径。尺寸线的一端从圆心开始，另一端用箭头指向圆弧，在半径数字的前面加注半径符号 R；较小圆弧的半径数字，可以用引出线标注；较大圆弧的尺寸线，必须对准圆心画成折线状，如图 2-30 所示。标注球的半径尺寸时，应在尺寸前加注符号 *SR*。

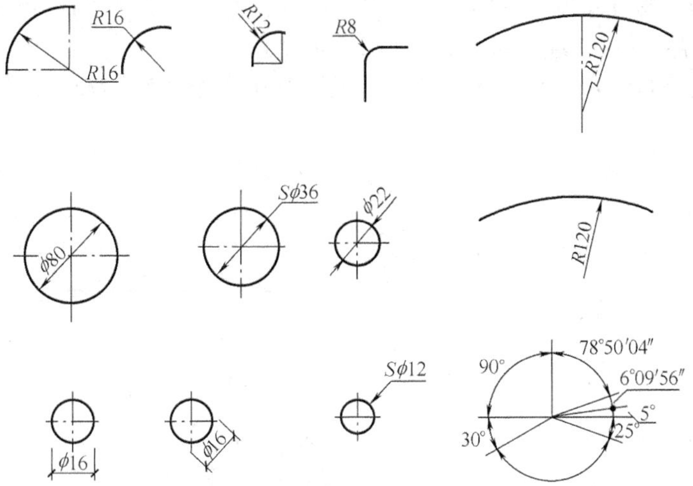

图 2-30　半径、直径、角度的标注

（2）角度、弧长、弦长的尺寸标注　角度的尺寸线用圆弧表示，是以角度的顶点为圆心的弧，角的两边为尺寸界线，起止符号用箭头表示。角度较小无法画箭头时可用小黑圆点表示。角度数字应按水平方向书写。

标注弧长时，尺寸线应以与圆弧同心的圆弧线表示，尺寸界线应垂直于该圆弧的弦，尺寸起止符用箭头表示，弧长数字上应加注圆弧符号“⌒”，如图 2-31a 所示。标注弦长时，尺寸线应以平行于该弦的直线表示，尺寸界线应垂直于该弦，尺寸起止符号用中短粗斜线表示，如图 2-31b 所示。

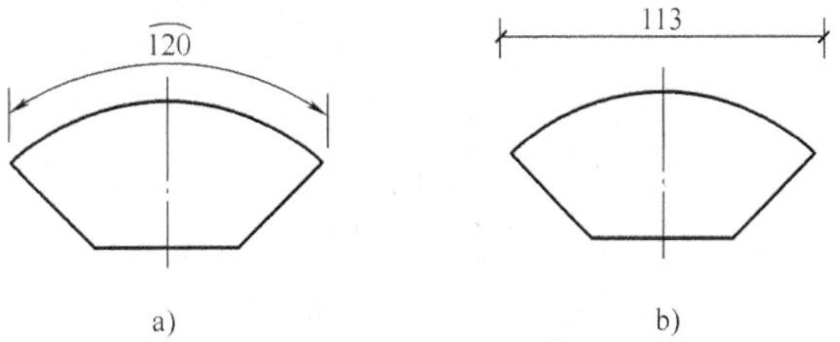

图 2-31　弧长、弦长的标注方法

（3）坡度的尺寸标注　坡度用直角三角形的对边与底边之比来表示，可以采用百分比或者比例的形式。在标注坡度时，在坡度数字下边加注坡度符号“↼”，该符号为单面箭头，箭头指向下坡方向，如图 2-32a、b 所示。坡度也可用直角三角形形式标注，如图 2-32c 所示。

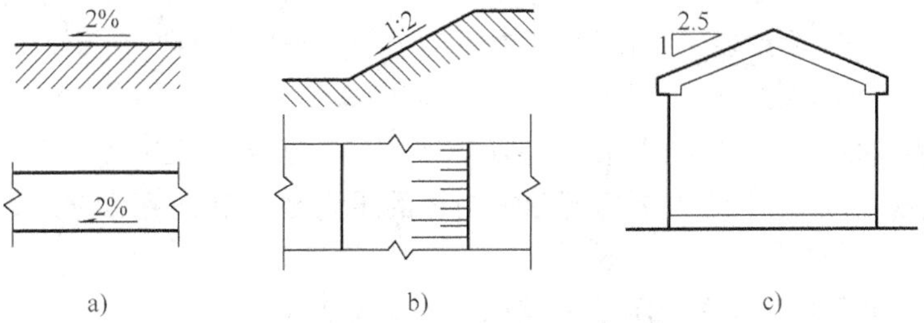

图 2-32　坡度的画法

a）坡度符号　b）坡度符号指向　c）用直角三角形标注坡度

（4）等长尺寸、单线图、相同要素的尺寸简化标注

1）对于较多相等间距的连续尺寸，可以标注成乘积形式，如图 2-33a 所示。

2）对于钢筋、管线和桁架结构等单线图，可以将尺寸直接标注在杆件的一侧，无需画出尺寸线、尺寸界线和尺寸起止符号，如图 2-33b 所示。

3）对于均匀分布的相同要素，可仅仅只标注其中一个要素的尺寸，注明个数就行了，如图 2-33c 所示。

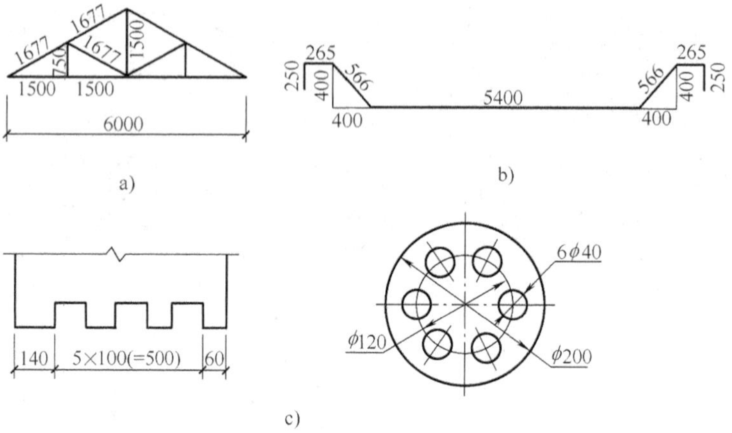

图 2-33　几种尺寸的简化标注

a）等长尺寸简化标注　b）单线图简化标注　c）相同要素简化标注

（5）对称简化标注　当对称构配件采用对称省略画法时，该对称构配件的尺寸线应略超过对称符号，仅在尺寸线的一端画尺寸起止符号，尺寸数字应按整体全尺寸注写，其注写位置宜与对称符号对齐，如图 2-34 所示。

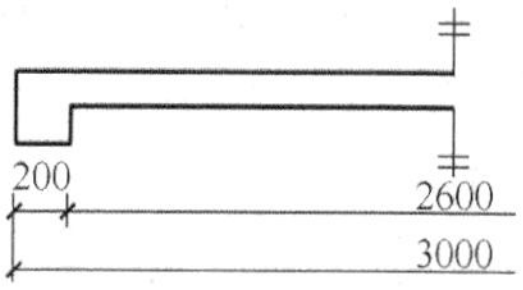

图 2-34　对称简化标注

2.3　建筑工程图样的绘制

为了保证绘图质量，提高绘图速度，除正确使用绘图工具，严格遵守国家制图标准外，还应注意绘图步骤。

2.3.1　准备工作

1）收集阅读有关的文件资料，对所绘图样的内容及要求进行了解。在学习过程中，对作业的内容、目的、要求，要了解清楚，在绘图之前做到心中有数。

2）准备好必要的绘图工具和用品。

3）将图纸用胶带纸固定在图板上，位置要适当。一般将图纸粘贴在图板的左下方，图纸左边至图板边缘 3 ~ 5cm，图纸下边至图板边缘的距离略大于丁字尺的宽度。

2.3.2　画底稿

1）按制图标准的要求，先把图框线及标题栏的位置画好。

2）根据图样的数量、大小及复杂程度选择比例，安排图位，定好图形的中心线。

3）画图形的主要轮廓线，再由大到小，由整体到局部，直至画出所有轮廓线。

4）画尺寸界限、尺寸线以及其他符号等。

5）最后仔细检查，擦去多余的底稿线。

2.3.3 用铅笔加深

1）当直线与曲线相连时，先画曲线后画直线。加深后的同类图线，其粗细和深浅要保持一致。加深同类线型时，要按照水平线从上到下，垂直线从左到右的顺序一次完成。

2）各类线型的加深顺序是：中心线、粗实线、虚线、细实线。

3）加深图框线、标题栏及表格，并填写其内容及说明。

2.3.4 描图

为了满足生产需要，常常要用墨线把图样描绘在硫酸纸上作为底图，再用来复制成蓝图。描图的步骤与铅笔加深基本相同。但描墨线图，线条画完后要等上一定的时间，墨才会干透。因此，要注意画图步骤，否则容易弄脏图面。

2.3.5 绘图注意事项

1）画底稿的铅笔用 H ~ 3H，线条要轻而细。

2）加深粗实线的铅笔用 2B，加深细实线的铅笔用 B；写字的铅笔用 HB；加深圆弧时所用的铅芯，应比加深同类型直线所用的铅芯软一号。

3）加深或描绘粗实线时，要以底稿线为中心线，以保证图形的准确性。

4）修图时，如果是用绘图墨水绘制的，应等墨线干透后，用刀片刮去需要修整的部分。

第 3 章　投影的基本知识

3.1　投影的概念及分类

3.1.1　投影的概念

假设光线能够透过物体而将物体的各个顶点和棱线在平面 V 上投落它们的影，这些点和线的影将组成一个能够反映出物体形状的图形，这个图形称为物体的投影，如图 3-1 所示。

光源 S 称为投射中心；投影所在的平面 P 称为投影面；光线称为投射线；通过一点的投射线与投射面 P 相交，所得交点就是该点在平面 P 上的投影；这种只研究其形状和大小，而不涉及其理化性质的物体，称为形体；作出形体投影的方法，称为投影法。

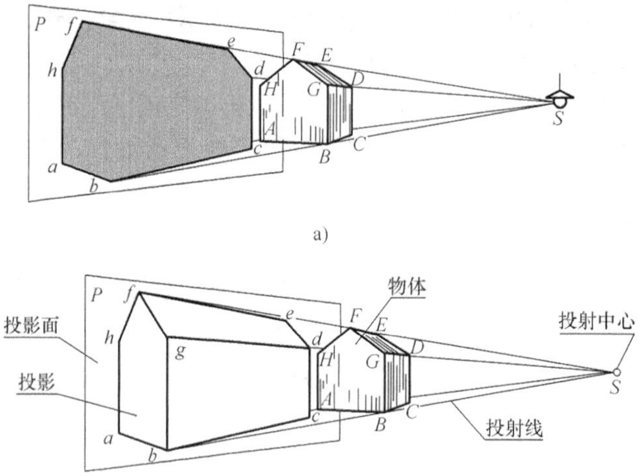

a)　b)

图 3-1　投影

3.1.2　投影的分类

根据投射线的不同，投影可分为中心投影和平行投影。

1. 中心投影　投射线由一点放射出来的投影称为中心投影，如图 3-2 所示。这种投影方法称为中心投影法。

图 3-2　用中心投影法绘制的图样

2. 平行投影　由相互平行的投射线作出的投影称为平行投影，如图3-3所示。这种投影方法称为平行投影法。

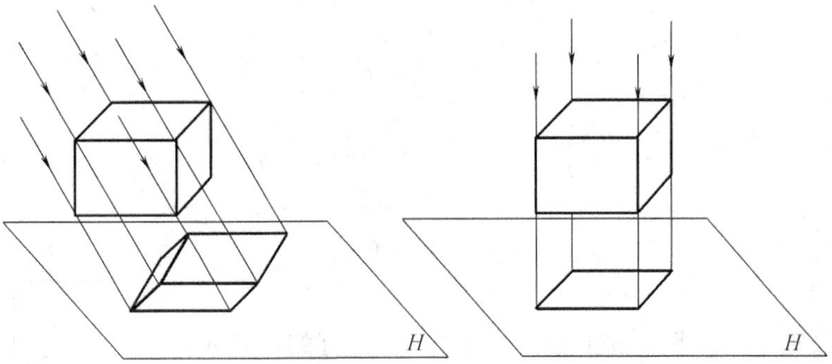

a)　　　　b)

图3-3　平行投影

a）斜投影　b）正投影

根据投射线与投影面的垂直与否，平行投影又分为斜投影和正投影两种：

（1）斜投影　投射线倾斜于投影面时所作出的平行投影称为斜投影，如图3-3a所示。作出形体斜投影的方法称为斜投影法。

（2）正投影　投射线垂直于投影面时所作出的平行投影称为正投影，如图3-3b所示。作出形体正投影的方法称为正投影法。用正投影法绘制的投影图称为正投影图。

3.2　建筑工程中常用的投影

在建设工程中，由于表达的目的和被表达的对象特性不同，往往采用不同的投影图。常用的投影图有以下四种。

3.2.1　透视投影图

透视投影图简称透视图，是用中心投影法绘制的，如图3-4所示。透视图的优点是比较符合视觉规律、图形逼真、立体感强；缺点是一般不能直接度量，绘制过程也较复杂。常用于建筑物的效果表现图及工业产品的展示图等，一般美术作品都符合透视投影的规律。

图3-4　透视投影图

3.2.2　轴测投影图

轴测投影图简称轴测图，是按平行投影法绘制的，如图3-5所示。轴测图的优点是直观性强；缺点是不能反映物体各表面的准确形状，度量性差，作图方法复杂，一般用作工程图的辅助图样。

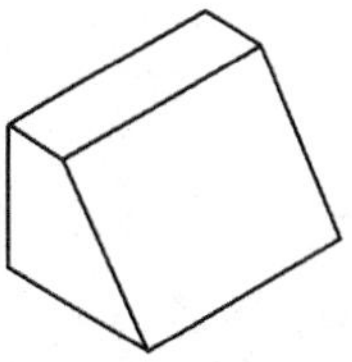

图3-5　轴测投影图

3.2.3　标高投影图

标高投影图是一种带有数字标记的单面正投影图。在土建工程中，常用来绘制地形图、建筑总平面图和道路等方面的平面布置图样。如图 3-6 所示，用间隔相等的水平面截割地形面，其交线即为等高线，作出它们在水平面上的正投影，并在其上标注出高程数字，即为标高投影图，从而表达出该处的地形情况。

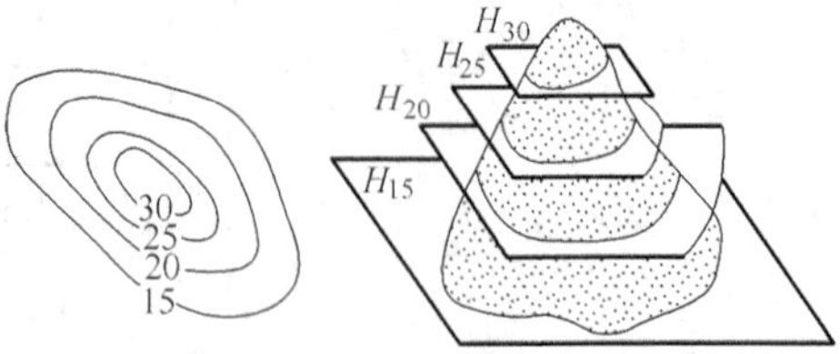

图 3-6　标高投影图

3.2.4　正投影图

用正投影法把物体向两个或两个以上的相互垂直的投影面进行投影所得到的图样称为多面正投影图，简称正投影图，如图 3-7 所示。正投影图的优点是作图简便、度量性好，在工程中应用最广；缺点是直观性差，缺乏投影知识的人不易看懂。

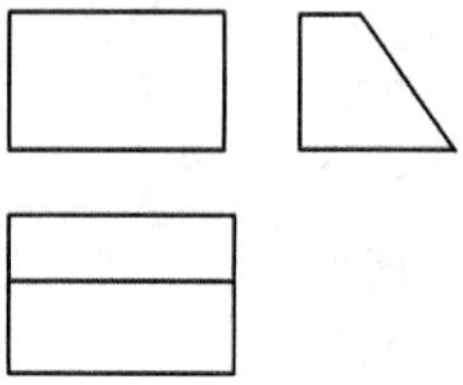

图 3-7　正投影图

在建筑施工图中，最常使用的是正投影图，正投影图一般具有以下几个特性。

1. 实形性　当线段或平面图形平行于投影面时，其投影反映实长或实形，如图 3-8 所示。

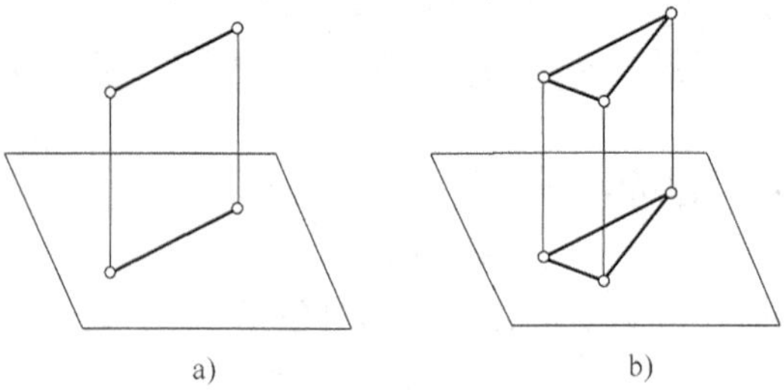

图 3-8　正投影的实形性

2. 积聚性　当直线或平面图形垂直于投影面时，其投影积聚成点或直线，如图 3-9 所示。

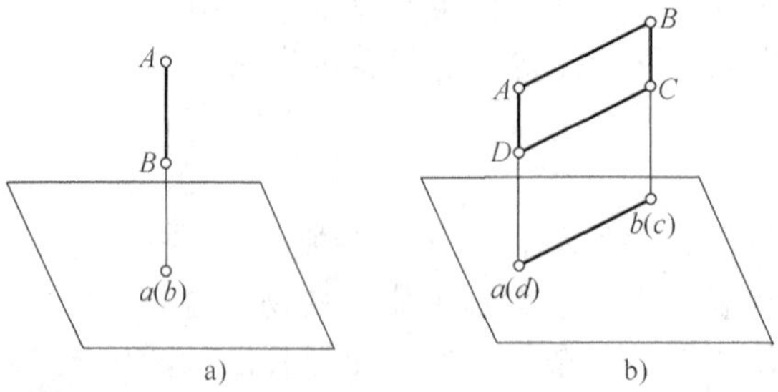

图 3-9　正投影的积聚性

3. 类似性　当直线或平面图形既不平行也不垂直于投影面时，直线的投影仍然是直线，平面图形的投影是原图形的类似形，但直线或平面图形的投影小于实长或实形，如图 3-10 所示。

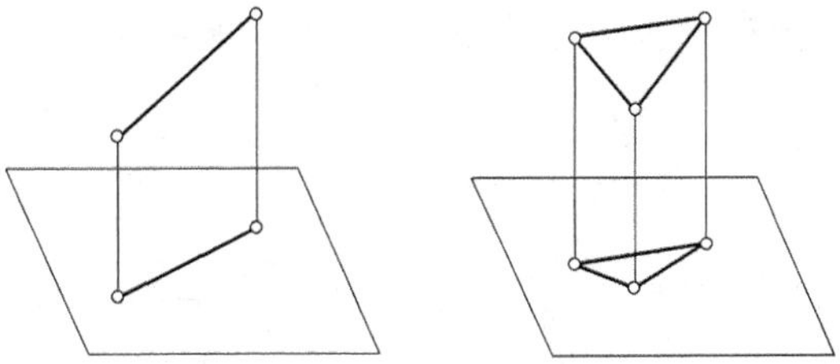

a)　　　　b)

图 3-10　正投影的类似性

4. 平行性　互相平行的两直线在同一个投影面上的投影仍然平行。

5. 定比性　直线上一点所分直线线段的长度之比等于它们的投影长度之比；两空间平行线段的长度之比等于它们没有积聚性的投影长度之比。

6. 从属性　几何元素的从属关系在投影中不会发生改变，如属于直线的点的投影必属于直线的投影，属于平面的点和线的投影必属于平面的投影等。

3.3　三面投影图

工程上绘制图样的方法主要是正投影法。这种方法画图简单，画出的图形真实，度量方便，能够满足设计与施工的需要。

用一个投影图来表达物体的形状是不够的。如图 3-11 所示，形状不同的物体在投影面 *V* 上具有相同的正投影，单凭这个投影图来确定物体的形状，是不可能的。如果对一个较为复杂的物体，只向两个投影面作其投影时，其投影只能反映其两个面的形状和大小，亦不能确定物体的形状。可见，若使正投影图能够确定物体的形状，就必须采用多面正投影的方法，为此，要使用三面投影体系。

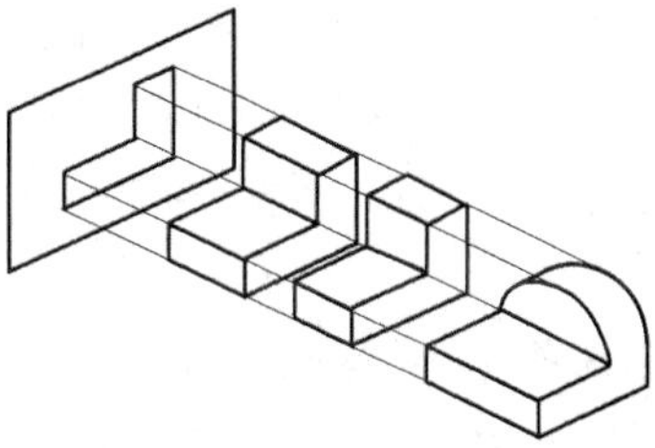

图 3-11　物体的一面投影图

3.3.1　三面投影体系的建立

为了使正投影图能唯一确定较复杂物体的形状，设立三个互相垂直的平面作为投影面，组成一个三面投影体系，如图 3-12 所示。水平投影面用 *H* 标记，简称水平面或 *H* 面；正立投影面用 *V* 标记，简称正立面或 *V* 面；侧立投影面用 *W* 标记，简称侧立面或 *W* 面。两投影面的交线称为投影轴。*H* 面与 *V* 面的交线为 *OX* 轴，*H* 面与 *W* 面的交线为 *OY* 轴，*V* 面与 *W* 面的交线为 *OZ* 轴，它们也互相垂直，并交汇于原点 *O*，如图 3-13 所示。

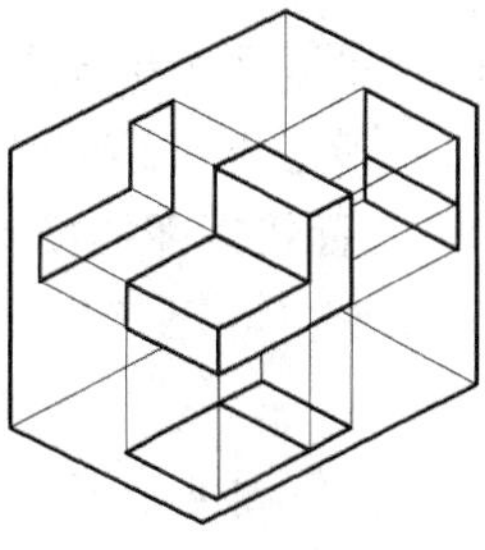

图 3-12　物体的三面投影图

3.3.2　三面投影图的形成

三个相互垂直的投影面，构成了三投影面体系，又称为三面三轴一交点体系，如图 3-13a 所示。

在三投影面体系中，三面分别为：物体在 H 面上产生的投影称为 H 面投影，也称为水平投影，简称为 H 面；物体在 V 面上产生的投影称为 V 面投影，也称为正面投影简称为 V 面，物体在 W 面上产生的投影称为 W 面投影，也称为侧面投影，简称为 W 面投影如图 3-13b 所示。

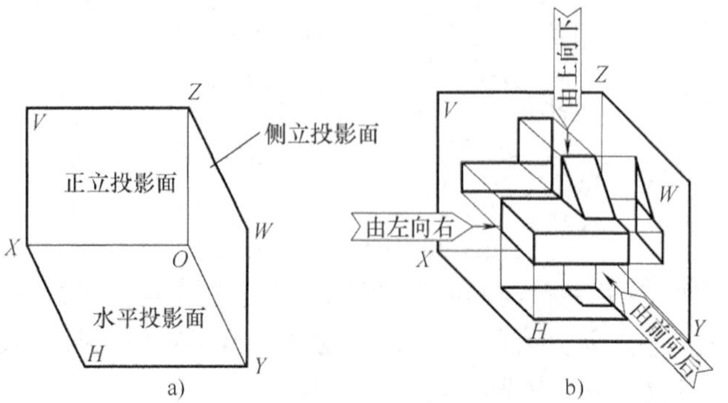

图 3-13　物体的三面投影

三个投影面的两两相交线 OX、OY、OZ 称为投影轴，它们相互垂直。三条投影轴相交于一点 O，称为原点。

3.3.3　三面投影图的展开

为了把空间三个投影面上所得到的投影画在一个平面上，需将三个相互垂直的投影面展开摊平为一个平面。令 V 面保持不动，H 面绕 OX 轴向下翻转 90°，W 面绕 OZ 轴向右翻转 90°，则它们就和 V 面在同一个平面上了，如图 3-14 所示。

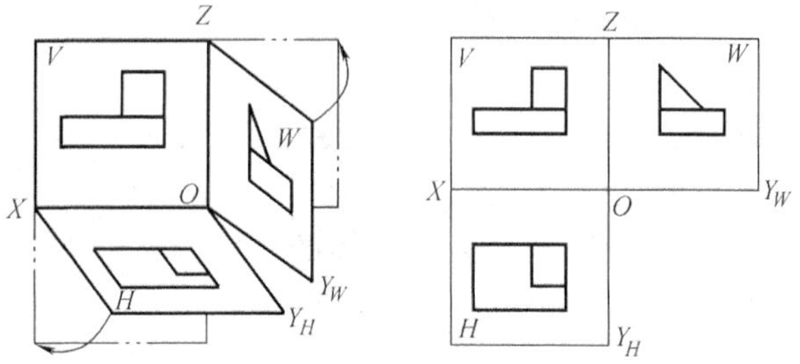

图 3-14　三面投影图的展开

三个投影面展开后，三条投影轴成为两垂直相交的直线。原 OX、OZ 轴的位置不变；原 OY 轴则分为两条，在 H 面上的用 OY_H 表示，它与 OZ 轴成一直线；在 W 面上的用 OY_W 表示，它与 OX 轴成一直线。

从展开后的三面正投影位置来看，H 面投影在 V 面投影的正下方；W 面投影在 V 面投影的正右方。按照这种位置画投影图时，在图样上可以不标注投影面、投影轴和投影图的名称。

由于投影面是设想的，并无固定的大小边界范围，而投影图与投影面的大小无关，所以作图时也可以不画出投影面的边界。在工程图样中，投影轴一般也不画出来。但在初学投影作图时，最好将投影轴保留，并将投影轴用细实线画出。

3.3.4　三面投影图的投影规律

一个形体可用三面正投影图来表达它的整体情况。形体的三个投影图之间既有区别又互相联系。

一般形体都具有长、宽、高三个方向的尺度。在三面投影体系中，形体的长度是指形体上最左和最右两点之间平行于 X 轴方向的距离；宽度是指形体上最前和最后两点之间平行于 Y 轴方向的距离，高度指形体上最上和最下两点之间平行于 Z 轴方向的距离。由此，形

体的 V 面投影反映了形体的正面形状和形体的长度及高度，形体的 H 面投影反映了形体水平面的形状和形体的长度及宽度，形体的 W 面投影反映了形体左侧面的形状和形体的高度及宽度。把三个投影图联系起来看，就可以得出这三个投影之间的相互关系，即 V 面投影和 H 面投影“长相等”、V 面投影和 W 面投影“高相等”、H 面投影和 W 面投影“宽相等”。为便于作图和记忆，概括为“长对正、高平齐、宽相等”。

3.3.5 三面投影图的方位关系

任何一个形体都有上、下、左、右、前、后六个方向的形状和大小。在三个投影图中，每个投影图各反映其中四个方向的情况，即 V 面投影图反映形体的上、下和左、右的情况，不反映前、后情况；H 面投影图反映形体的前、后和左、右的情况，不反映上、下情况；W 面投影图反映形体的上、下和前、后情况，不反映左、右情况，如图 3-15 所示。

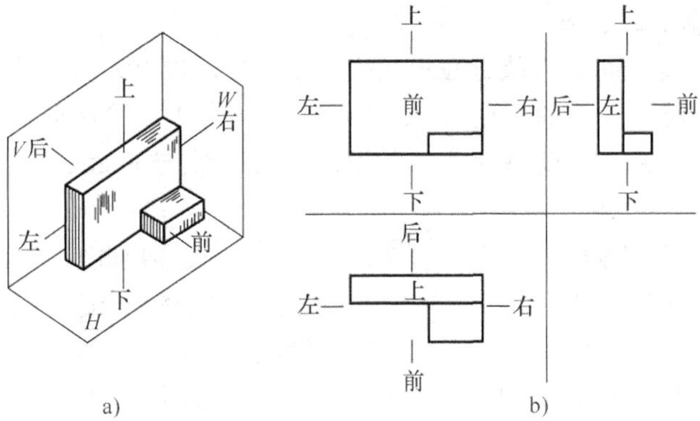

图 3-15 投影图和物体的位置对应关系

第 4 章　点、直线和平面的投影

4.1　点的投影

建筑物以及组成它们的构件，都可以看成是由若干个几何形体组成，形体的组成又可看成是由若干个面（平面、曲面）、线（直线、曲线）和点构成，而点是构成线、面、体的最基本的几何元素。因此，掌握点的投影是学习线、面、体投影的基础。

4.1.1　点的三面投影及其规律

如图 4-1a 所示，将空间点 A 放置在三面投影体系中，过点 A 分别作垂直于 H 面、V 面、W 面的投射线，投射线与 H 面的交点 a（即垂足点）称为 A 点的水平投影（H 投影）；投射线与 V 面的交点 a'称为 A 点的正面投影（V 投影）；投射线与 W 面的交点 a''称为 A 点的侧面投影（W 投影）。

在投影法中，空间点用大写字母表示，其在 H 面的投影用相应的小写字母表示；在 V 面的投影用相应的小写字母右上角加一撇表示；在 W 面投影用相应的小写字母右上角加两撇表示。如图 4-1a 所示，空间点 A 的三面投影分别用 a、a'、a''表示。

按前述规定将三投影面展开，就得到点 A 的三面投影图，如图 4-1b 所示。在点的投影图中一般只画出投影轴，而不画投影面的边框，如图 4-1c 所示。

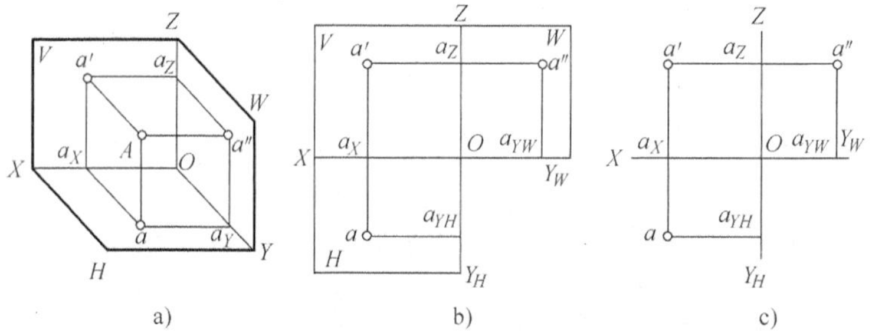

图 4-1　点的三面投影

从图中可以看出：

1）点的 V 面投影 a'和 H 面投影 a 的连线垂直于 OX 轴（$aa' \perp OX$）。

2）点的 V 面投影以 a'和 W 面投影 a''的连线垂直于 OZ 轴（$a'a'' \perp OZ$）。

3）点的 H 面投影 a 到 OX 轴的距离等于点的 W 面投影 a'到 OZ 轴的距离（$aa_X = a''a_Z$）。

以上投影关系说明，在点的三面正投影图中，任何两个投影都有一定的联系。因此，只要给出一点的任意两个投影，就可以求出其第三个投影。

【例 4-1】 已知 A、B 的两面投影，如图 4-2a 所示，求作第三面投影。

解：

分析：

根据点的投影关系，点的水平投影 a 和正面投影 a'的连线垂直于 OX 轴；点的正面投影

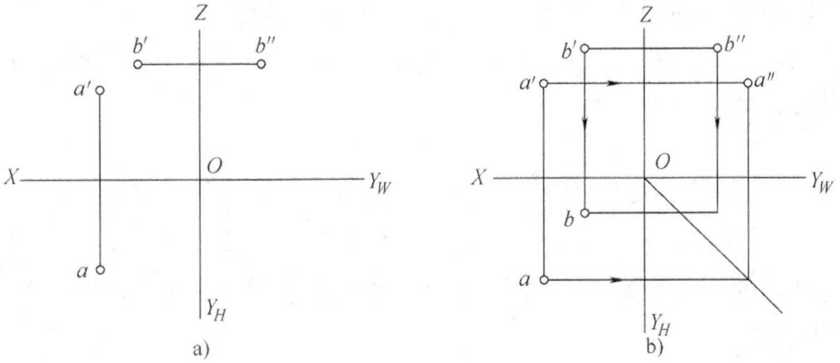

图 4-2　点 A、B 的三面投影

a'和侧面投影 a''的连线垂直于 OZ 轴；点的水平投影 a 到 OX 轴的距离等于点的侧面投影 a''到 OZ 轴的距离。

作图

作图步骤，如图 4-2b 所示。

1）过 O 作 45°辅助线，过 a'作 $a'a'' \perp OZ$ 轴，过 a 作直线平行于 OX 轴，与 45°辅助线相交后作平行于 OZ 轴的直线且交 $a'a''$于 a''。

2）过 b'作 $bb' \perp OX$，过 b''作直线平行 OZ 轴，与 45°辅助线相交后作平行于 OX 轴的直线且交 bb'于 b。

4.1.2　点的投影与坐标

在三投影面体系中，空间点及其投影的位置可以由点的坐标来确定。将三面投影体系看作一个空间直角坐标系，点 O 为坐标原点，X 轴、Y 轴、Z 轴为坐标轴，H 面、V 面、W 面为坐标平面。则空间一点 A 到三个投影面的距离，就是点 A 的三个坐标（用小写字母 x、y、z 表示），即

点 A 到 W 面的距离为 x 坐标（$A\,a'' = a'a_Z = aa_Y = x$ 坐标）。

点 A 到 V 面的距离为 y 坐标（$Aa' = a''a_Z = aa_X = y$ 坐标）。

点 A 到 H 面的距离为 z 坐标（$Aa = a'a_X = a''a_Y = z$ 坐标）。

因此，点 A 的空间坐标可表示为 A（z，y，z），点 A 在 H、V、W 三个投影面上的坐标分别表示为 a（x，y，0）、a'（x，0，z）、a''（0，y，z）如图 4-3 所示。

【例 4-2】　已知空间点 A（11，8，15），求作它的三面投影图。

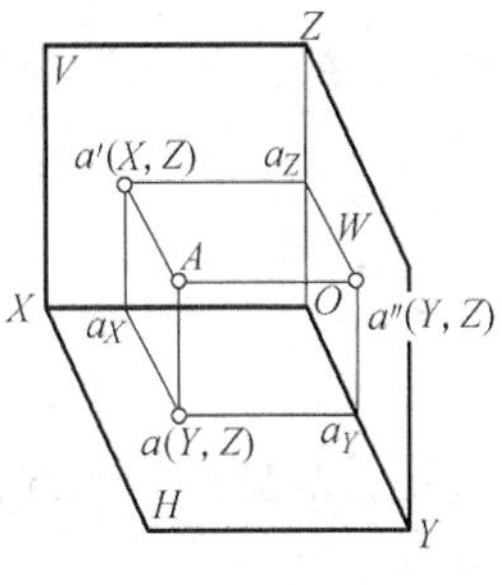

图 4-3　点的投影与坐标

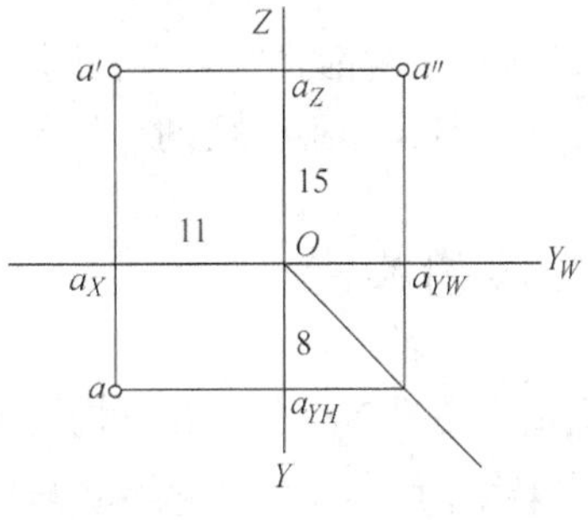

图 4-4　根据点的坐标作投影图

解：

分析

根据点的投影与坐标的关系可知，点的水平投影由坐标（x，y）确定；点的正面投影由坐标（x，z）确定；点的侧面投影由坐标（y，z）确定。所以，可以根据已知坐标值直接求出点的三面投影，如图 4-4 所示。

作图

1）根据 $x=11$、$y=8$、$z=15$ 定出 a_X、a_Y、a_Z。

2）过 a_X、a_Y、a_Z 作投影轴的垂线，在水平投影面上的交点就是点的水平投影 a；在正立面上的交点就是点的正面投影 a'；在侧立面上的交点就是点的侧面投影 a''。

4.1.3 点的空间位置

1. 两点的相对位置　空间两点上下、左右、前后的相对位置可根据它们在投影图中的各组同面投影来判断。由水平面投影可以判断前后、左右的位置；由正面投影可以判断上下、左右的关系；由侧面投影可以判断前后、上下的关系，如图 4-5 所示。也可以通过比较两点的坐标来判断它们的相对位置，即 x 坐标大的点在左方；y 坐标大的点在前方；z 坐标大的点在上方。

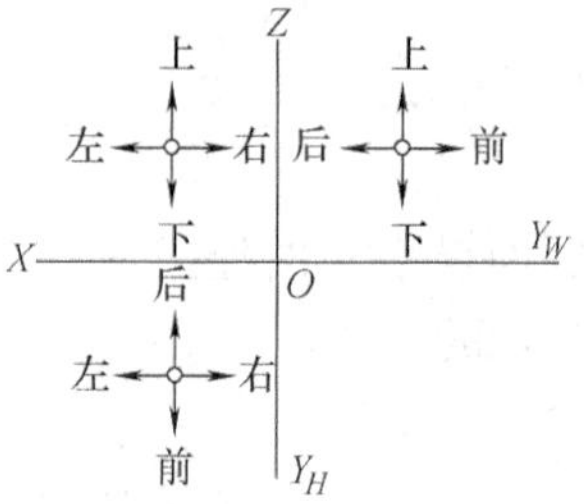

图 4-5　点的相对位置

2. 重影点及投影可见性的判断　如果两点位于某一投影面的同一投射线上，则此两点在该投影面上的投影必定重合。对该投影面来说，此两点称为重影点。例如，图 4-6 中称点 A、B 为 H 面的重影点。

沿投射方向看重影点，必有一个点遮挡另一点，即有一个点可见，一个点不可见。在投影图中规定，重影点中可见点标注在前，不可见点的投影用同名小写字母加一括号标注在后。在作图时必须反映出哪个点可见，哪个点不可见，具体可见性的判断方法如下。

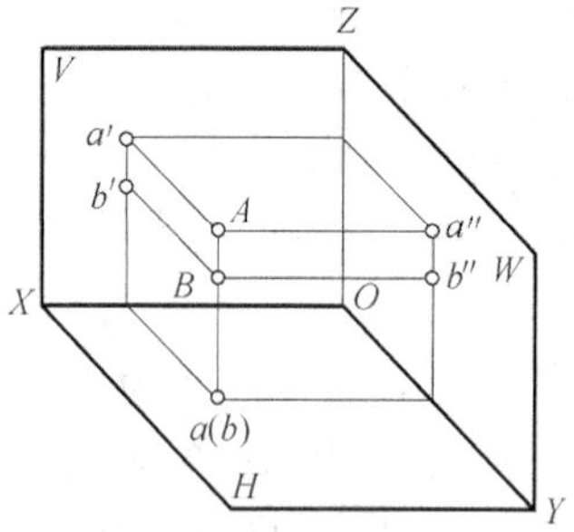

图 4-6　投影点及投影可见性

1）若两点的水平投影重合，则看重影点在正面或侧面上的投影，上面的点可见，下面的点不可见，即 Z 坐标值大的点投影可见，Z 坐标值小的不可见。

2）若两点的正面投影重合，则看重影点在水平面或侧面上的投影，前面的点可见，后面的点不可见，即 Y 坐标值大的点投影可见，Y 坐标值小的不可见。

3）若两点的侧面投影重合，则看重影点在正面或水平上的投影，左面的点可见，右面的点不可见，即 X 坐标值大的点投影可见，X 坐标值小的不可见。

4.2 直线的投影

由于直线的投影一般情况下仍为直线，且两点决定一条直线，故要获得直线的投影只需作出已知直线上的两个点的投影，再将它们相连即可。

4.2.1 各种位置直线及其投影

根据直线与三个投影面的相对位置不同，直线可分为投影面平行线、投影面垂直线及投影面倾斜线三种。投影面平行线和投影面垂直线称为特殊位置直线。投影面倾斜线称为一般位置直线。

1. 投影面平行线　平行于某一投影面，而倾斜于另两个投影面的直线称为投影面平行线。投影面平行线可分为：

水平线——平行于 H 面，倾斜于 V、W 面的直线。

正平线——平行于 V 面，倾斜于 H、W 面的直线。

侧平线——平行于 W 面，倾斜于 H、V 面的直线。

投影面平行线的投影图和投影特性见表 4-1。

表 4-1　投影面平行线的投影特性

名称	水平线	正平线	侧平线
立体图	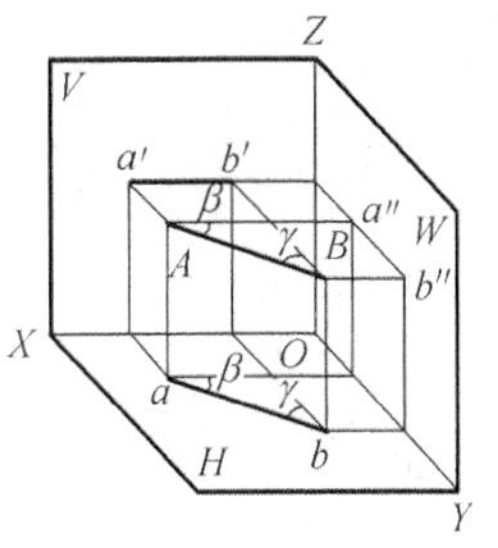	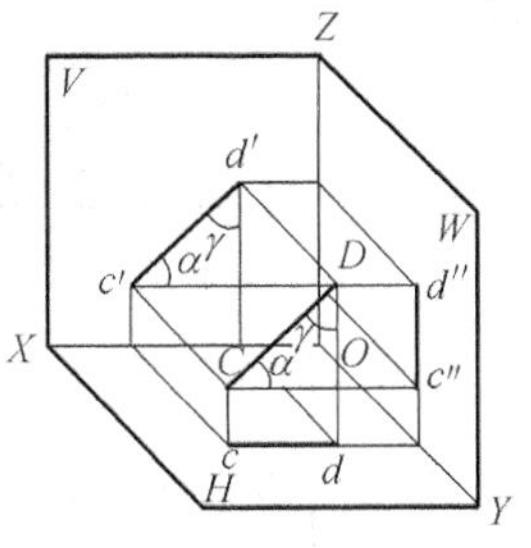	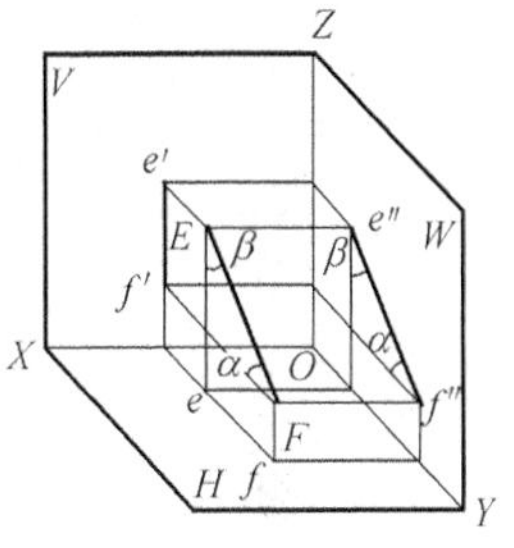
投影图	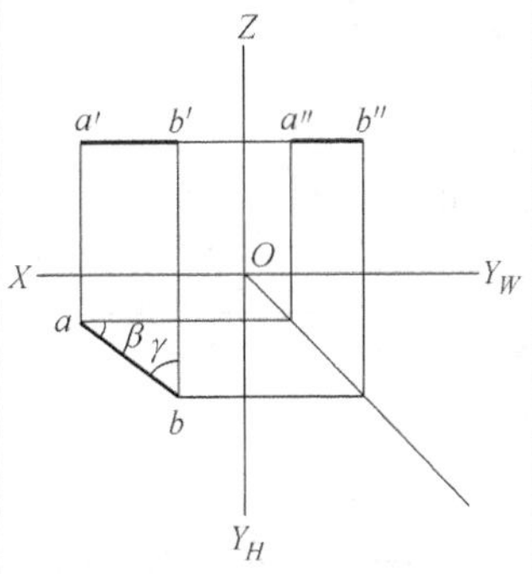	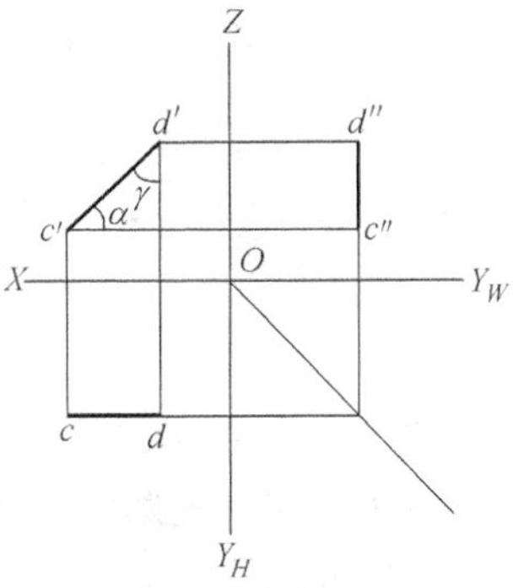	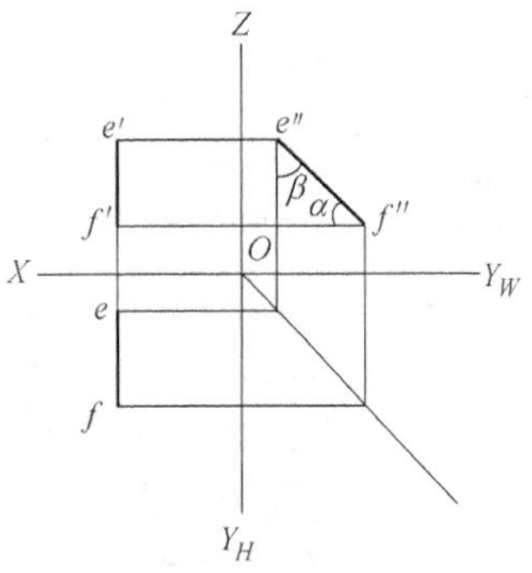
投影特性	1. ab 反映实长和倾角 β、γ 2. $a'b' \parallel OX$，$a''b'' \parallel OY_W$，且长度缩短	1. $c'd'$反映实长和倾角 α、γ 2. $cd \parallel OX$，$c''d'' \parallel OZ$，且长度缩短	1. $e''f''$反映实长和倾角 α、β 2. $ef \parallel OY_H$，$e'f' \parallel OZ$，且长度缩短

特别提示：

1）直线在所平行的投影面上的投影表达实长。

2）其他投影平行于相应的投影轴。

3）表达实长的投影与投影轴所夹的角度等于空间直线对投影面的倾角。

2. 投影面的垂直线　垂直于某一投影面，平行于另两个投影面的直线称为投影垂直线。投影面垂直线可分为：

铅垂线——垂直于 H 面，平行于 V、W 面的直线。

正垂线——垂直于 V 面，平行于 H、W 面的直线。

侧垂线——垂直于 W 面，平行于 H、V 面的直线。

投影面垂直线的投影图和投影特性见表 4-2。

表 4-2　投影面垂直线的投影特性

名称	铅垂线	正垂线	侧垂线
立体图	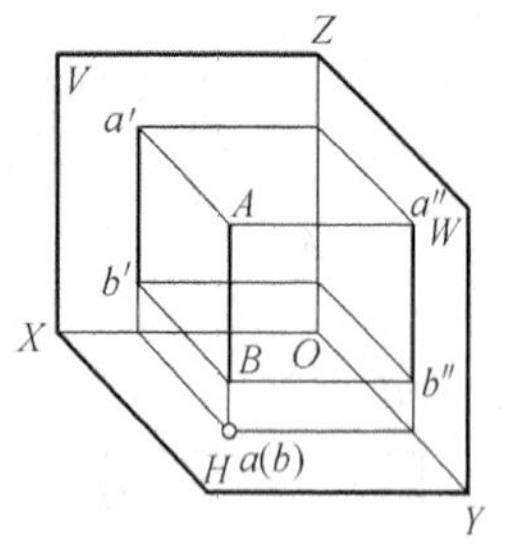	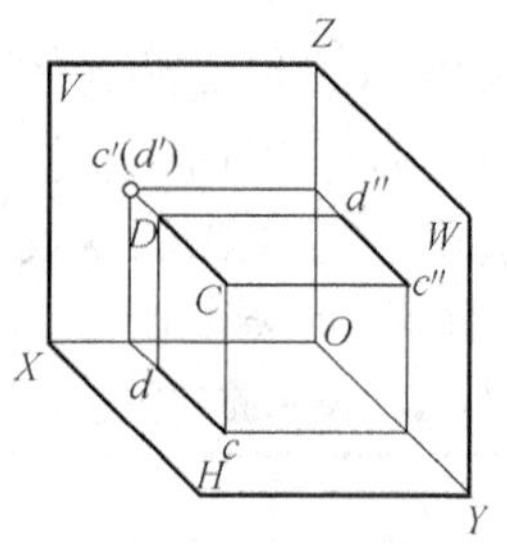	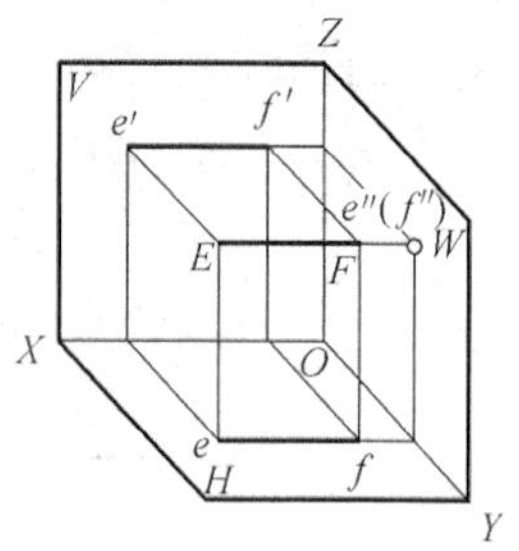
投影图	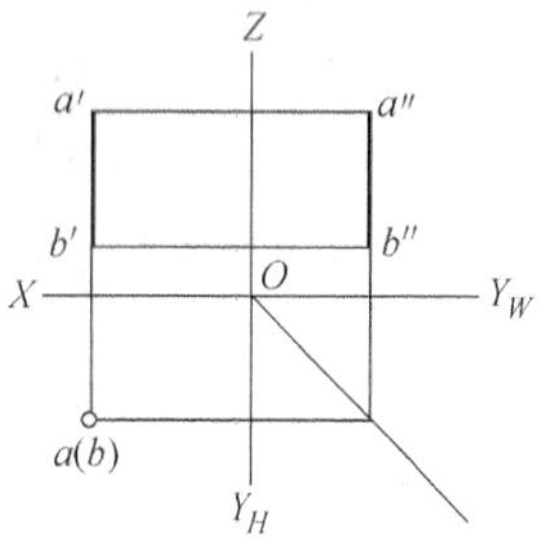	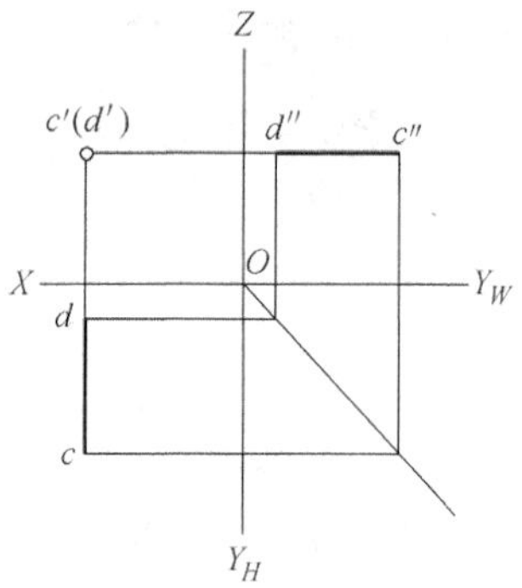	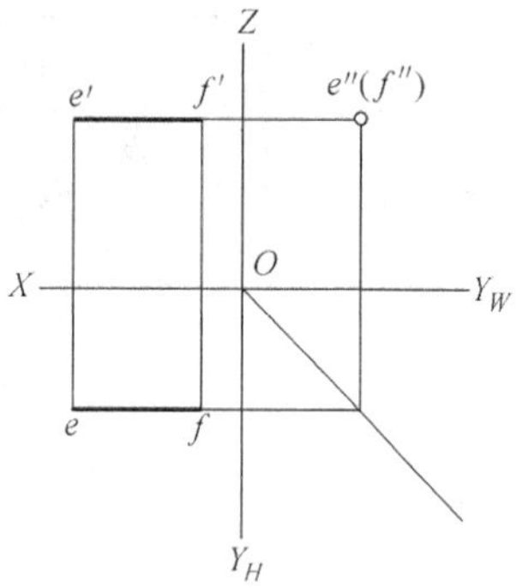
投影特性	1. ab 积聚成一点 2. $a'b'$ // OZ，$a''b''$ // OZ，且反映实长	1. $c'd'$积聚成一点 2. cd // OY_H，$c''d''$ // OY_W，且反映实长	1. $e''f''$积聚成一点 2. ef // OX，$e'f'$ // OX，且反映实长

特别提示：

1）直线在所垂直的投影面上的投影成一点，有积聚性。

2）其他投影表达实长，且垂直于相应的投影轴。

3. 一般位置直线　对三个投影面都倾斜的直线称为一般位置直线。一般位置直线在各投影面上的投影都倾斜于投影轴，且都不反映实长，各个投影与投影轴的夹角都不反映该直线对投影面倾角的真实大小，如图 4-7 所示。

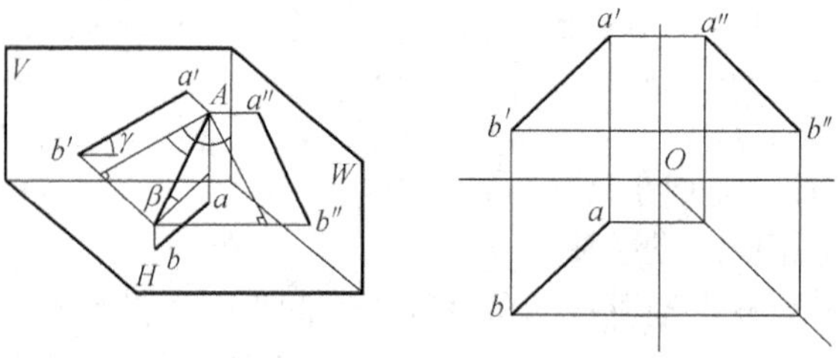

a)　　b)

图 4-7　一般位置直线的投影

4.2.2　直线上点的投影

直线上点的投影，必定在该直线的同面投影上；反之，一个点的各个投影都在直线的同面投影上，则此点必定在该直线上。如果点有一个投影不在该直线的同面投影上，则此点一定不在该直线上。由此可以判断一个点是否在直线上，如图 4-8 所示。

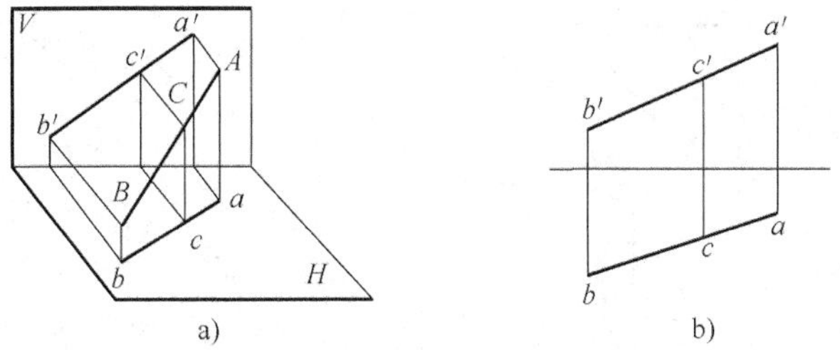

图 4-8　直线的点的投影

在图 4-8 中可以看出，C 点的 H 面投影 c 在直线 AB 的 H 面投影 ab 上，C 点的 V 面投影 c' 在直线的 V 面投影 $a'b'$ 上，所以 C 点在直线 AB 上。

若直线上的点分线段成比例，则此点的各投影相应的分线段的同面投影成相同的比例（定比性）。

如图 4-8 中，点 C 分空间直线 AC 和 CB 成两段，则 $AC:CB = ac:cb = a'c':c'b' = a''c'':c''b''$。

【例 4-3】　如图 4-9a 所示，已知线段 AB 的投影 ab 和 $a'b'$，M 点在 AB 上，且 $AM:MB=2:3$，求 M 点的投影。

解：

分析

因为已知 M 点在 AB 上，且 $AM:MB=2:3$，所以，根据定比性即可以作出 M 点的投影。

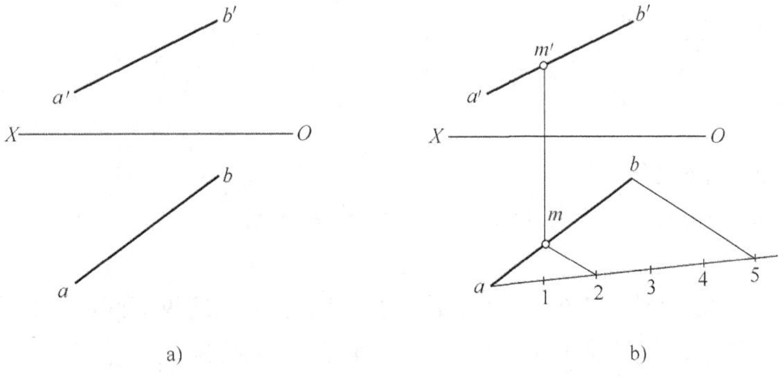

图 4-9　直线 AB 上分点 M 的投影

作图

1）过 a 引一条射线，在其上截取 5 等份，连接 5 与 b。

2）过 2 作 $5b$ 的平行线，交 ab 于 m。

3）过 m 向上引铅垂线，交 $a'b'$ 于 m'，m、m' 即为所求，如图 4-9b 所示。

4.2.3　两直线的相对位置及其判定

空间两直线的相对位置关系有三种情况：平行、相交、交叉（异面）。前两种为同面直线，后一种为异面直线。

1. 两直线平行　若空间两直线平行，则其各同面投影相互平行；反之，若两直线的各同面投影相互平行，则此两直线在空间也平行，如图 4-10 所示。

在投影图上判断两直线是否平行时，若两直线处于一般位置，则可根据两直线的任意两组同面投影是否平行判定。但对于特殊位置直线，只有两个同面投影相互平行，而空间直线

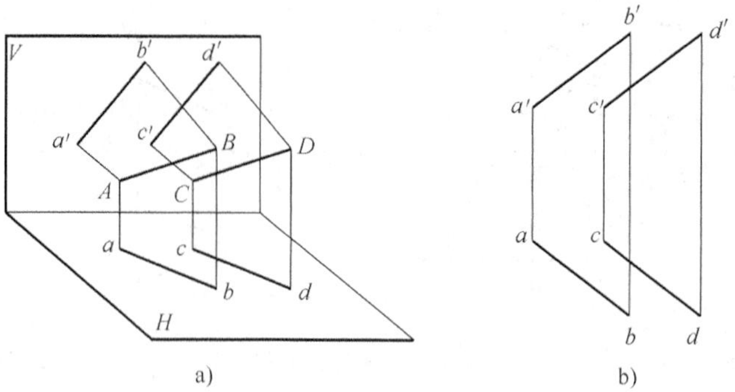

图 4-10　两直线平行图

不一定平行，如图 4-11 所示。

2. 两直线相交　若空间两直线相交，则它们同面投影也必然相交，交点 K 是两直线的共有点，K 点的投影符合点的投影规律，如图 4-12 所示。

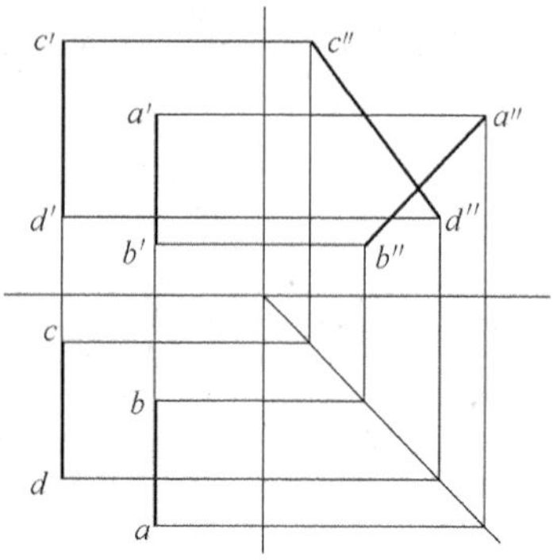

图 4-11　两面投影平行的直线投影

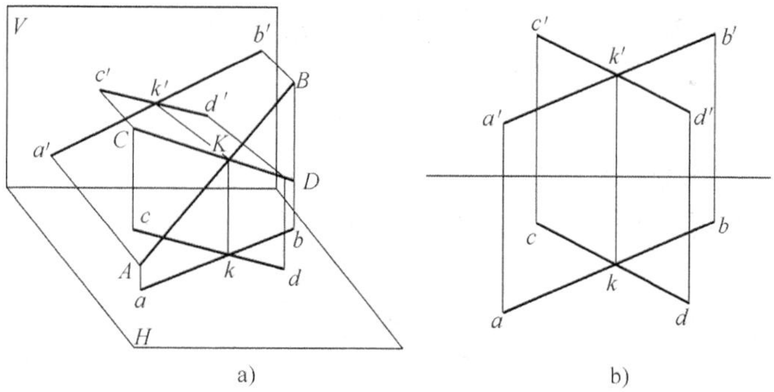

图 4-12　直线相交

3. 两直线交叉　空间直线不平行又不相交时称为交叉直线。

特别提示：

若空间两直线交叉，则它们的同面投影可能会出现一个或两个面的投影平行，但不会三面投影都平行；它们的同面投影也可能相交，但它们各个投影的交点不符合点的投影规律。交叉两直线同面投影的交点是两直线上的一对重影点的投影，对重影点需要判别其可见性，用以帮助判断两直线的空间位置。

如图 4-13 所示，AB 与 CD 的 H 面的投影 ab、cd 的交点为 AB 上的 Ⅰ 点和 CD 上的 Ⅱ 点

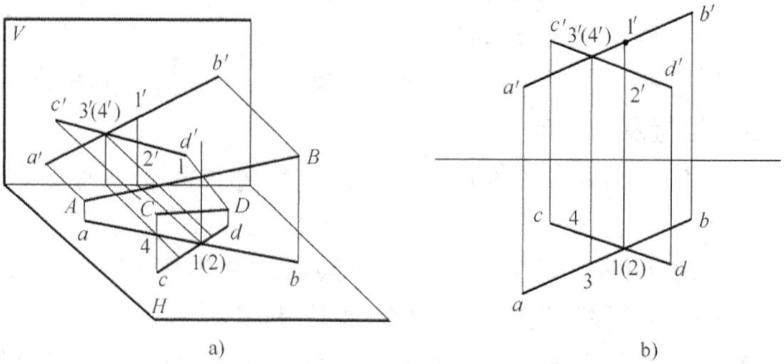

图 4-13　直线交叉

在 H 面上的重合投影，从 V 面投影看，Ⅰ点在上，Ⅱ点在下，所以Ⅰ为可见，2 为不可见。Ⅲ、Ⅳ两点是 V 面的重影点，从 H 面的投影中可以看出Ⅲ点在前，Ⅳ点在后，所以，3′可见，4′不可见。

4.2.4 直线段实长及倾角

一般位置直线段的投影既不反映该线段的实长，也不反映该线段对投影面的倾角。但一般位置直线段的两个投影已经完全确定了它在空间的位置以及线段上各点的相对位置，因此可以在投影图上用图解的方法求出该直线段的实长及该直线段对投影面的倾角。

求一般位置直线段的实长和倾角的基本方法主要有直角三角形法和换面法两种。本部分只介绍直角三角形法。当 AB 线向 H 面投影时，过 AB 线的投影射线组成一个投影平面 $ABba$，此平面与 H 面垂直。在平面 $ABba$ 上，过点 A 作 $AB_0 /\!/ ab$，$\triangle ABB_0$ 为一个直角三角形；斜边 AB 为线段自身；AB 与 AB_0 之夹角即为该直线与 H 面的倾角 α。可见，要求 AB 线段的实长与倾角 α，关键在于作出 $\mathrm{Rt}\triangle ABB_0$ 的实形。

直角三角形法求实长及倾角可概括为三步：

1）过投影端点作垂线。

2）量取另外一个投影图上两端点的相对应的投影差。

3）连斜边即实长。

斜边与投影的夹角即为倾角。在水平面上求出的倾角是 α；在正立面上求出的倾角 β；在侧立面上求出的倾角是 γ。牢记对应关系：求 α 及实长时，量取 z 坐标差；求 β 及实长时，量取 y 坐标差；求 γ 及实长时，量取 x 坐标差。

利用直角三角形法求实长，有四个参数：投影长、坐标差、实长和倾角。这四个参数中只要知道其中的两个参数，就能求出另两个参数。

【例 4-4】 如图 4-14 所示，线段 AB 的正面投影 $a'b'$ 和点 A 的水平投影 a，线段 AB 与 V 面的夹角 $\beta = 30°$，作出 AB 的水平投影。

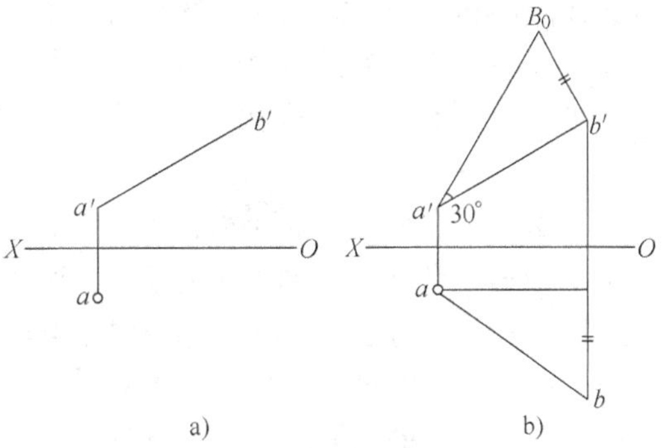

图 4-14 求线段的实长度及倾角

解：

作图

1）在正面投影中过 b' 点作直线 $b'B_o$，垂直于 $a'b'$。

2）作 $\angle b'a'B_o = 30°$，得 $\mathrm{Rt}\triangle b'a'B_o$。

3）$b'B_o$ 是 AB 两端点的 Y 坐标差，据此即可在水平投影中作出点 a，进而求得 AB 的水平投影 ab。

4.3 平面的投影

4.3.1 平面的表示方法

在立体几何中，确定平面的方式有以下五种：

1）不在同一直线上的三点。

2）直线及线外一点。

3）相交两直线。

4）平行两直线。

5）任意的平面图形。

在投影理论中，只需将上述各种方式简单地转换成投影方式，即可实现平面的投影表示，如图 4-15 所示。

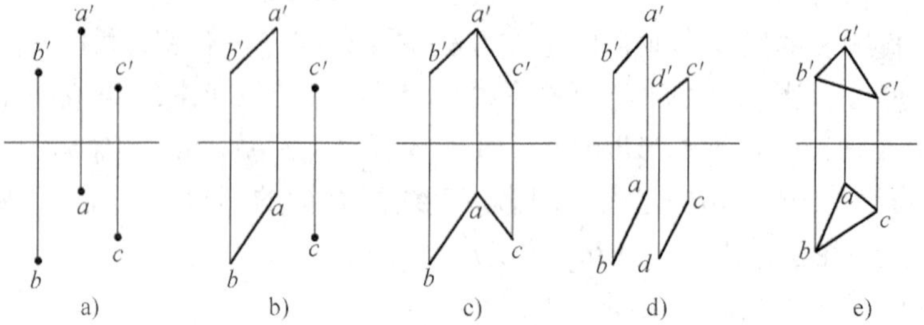

图 4-15　几何元素表示平面

a）不在同一直线上的三点　b）直线及线外一点　c）相交两直线

d）平行两直线　e）任意的平面图形

4.3.2　各种位置平面及其投影

根据平面相对投影面的位置不同，可以分为三类：投影面平行面、投影面垂直面、一般位置平面。前两类又称为特殊位置平面，后一类称为倾斜平面。平面与水平投影面的倾角、与正投影面的倾角和侧投影面的倾角分别用 α、β、γ 表示。

1. 投影面平行面　平面在三投影面体系中平行于一个投影面，而垂直于另外两个投影面。

正平面——平行于 V 面而垂直于 H、W 面。

水平面——平行于 H 面而垂直于 V、W 面。

侧平面——平行于 W 面而垂直于 H、V 面。

投影面平行面的投影特性见表 4-3。

平面在所平行的投影面上的投影反映实形，其余的投影都是平行于投影轴的直线。可以简化总结为：一框两直线，定是平行面，框在哪个面，平行哪个面。

表 4-3　投影面平行面的投影特性

名称	实例	投影图	投影特性
正平面	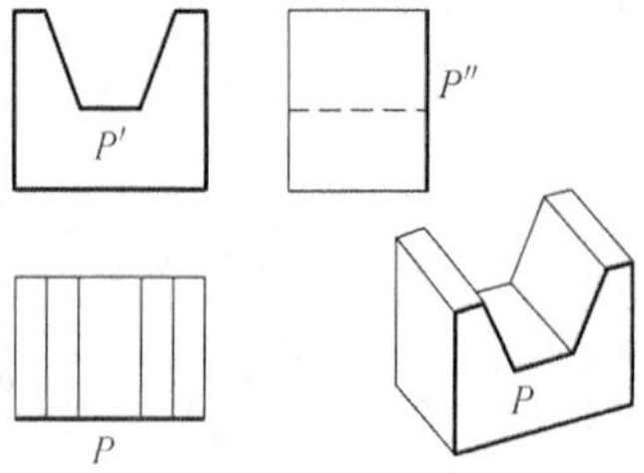	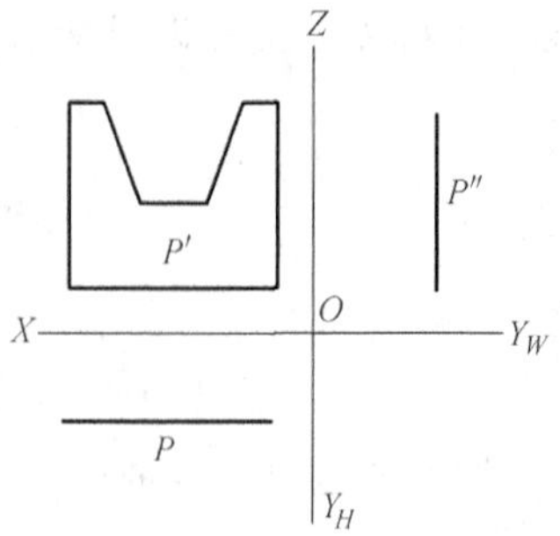	1. V 面投影反映实形 2. H 面投影、W 面投影积聚成直线，分别平行于投影轴 OX、OZ

（续）

名称	实例	投影图	投影特性
水平面	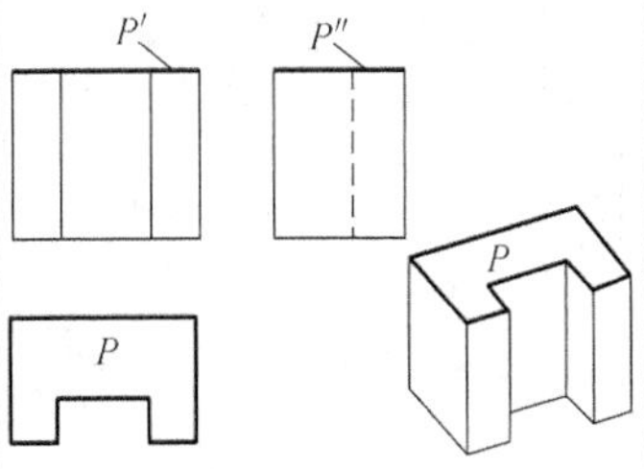	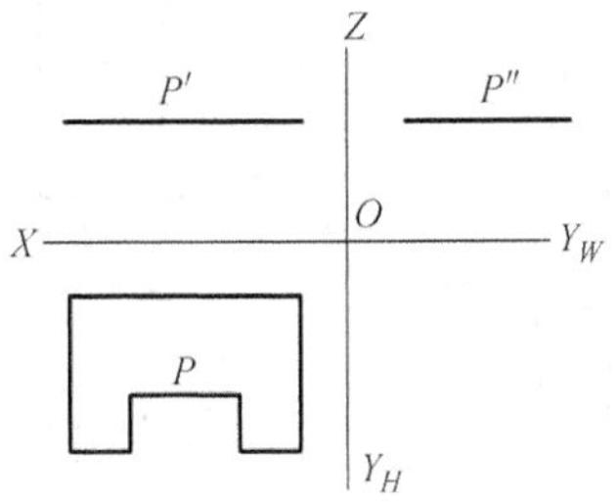	1. *H* 面投影反映实形 2. *V* 面投影、*W* 面投影积聚成直线，分别平行于投影轴 OX、OY_W
侧平面	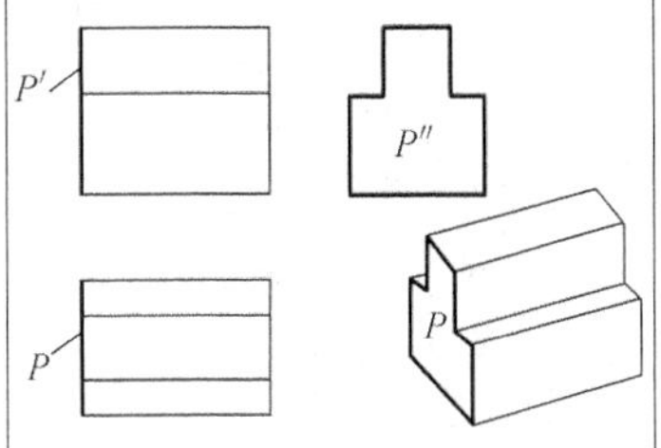	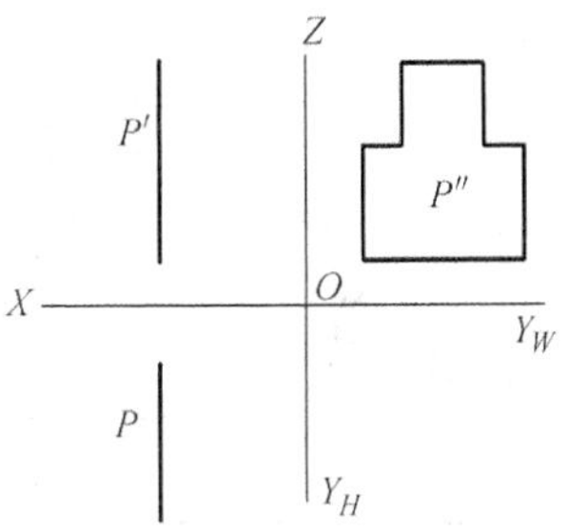	1. *W* 面投影反映实形 2. *V* 面投影、*H* 面投影积聚成直线，分别平行于投影轴 OZ、OY_H

2. 投影面垂直面　在三投影面体系中垂直于一个投影面，而对另外两投影面倾斜的平面。

正垂面——垂直 *V* 面而倾斜于 *H*、*W* 面。

铅垂面——垂直 *H* 面而倾斜于 *V*、*W* 面。

侧垂面——垂直 *W* 面而倾斜于 *V*、*H* 面。

投影面垂直面的投影特性见表 4-4。

表 4-4　投影面垂直面的投影特性

名称	实例	投影图	投影特性
正垂面	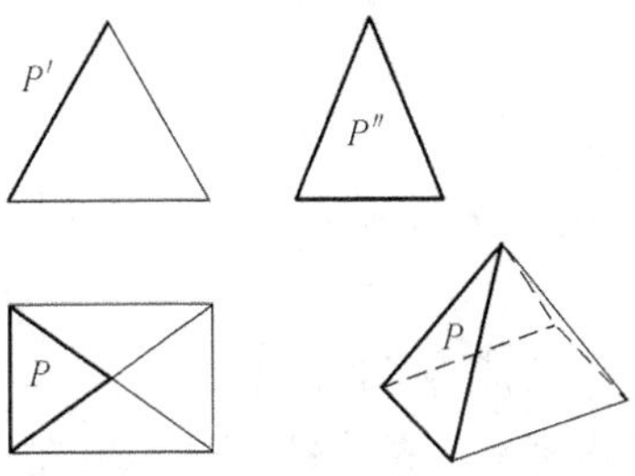	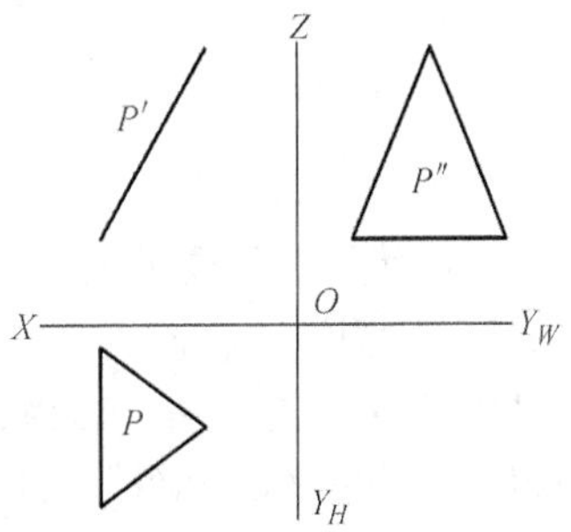	1. *V* 面投影积聚成一条斜直线，并反映与 *H*、*W* 面的倾角 2. 其他两投影面为面积缩小的类似形

（续）

名称	实例	投影图	投影特性
铅垂面	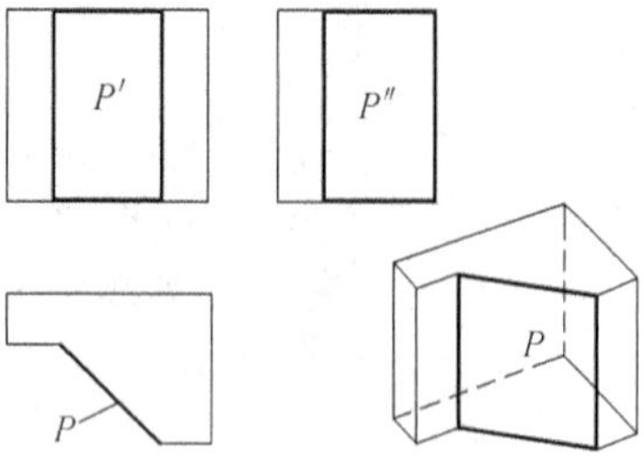	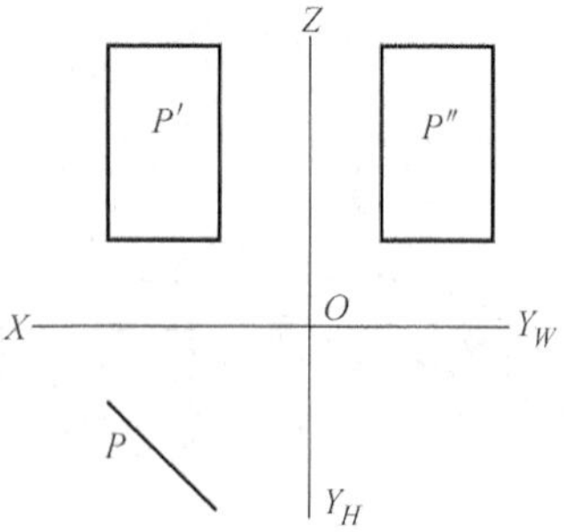	1. *H* 面投影积聚成一条斜直线，并反映与 *V*、*W* 面的倾角 2. 其他两投影面为面积缩小的类似形
侧垂面	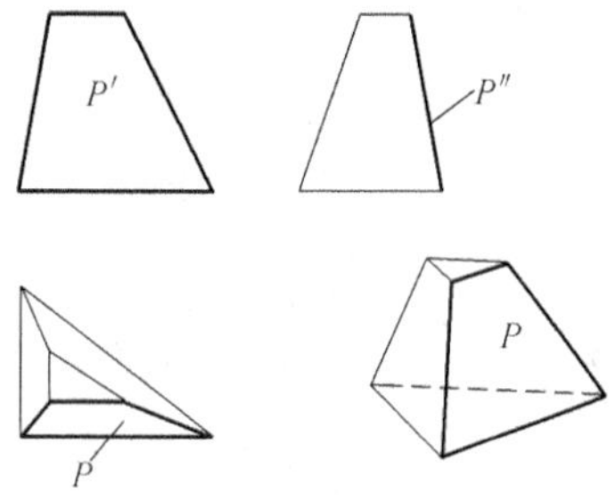	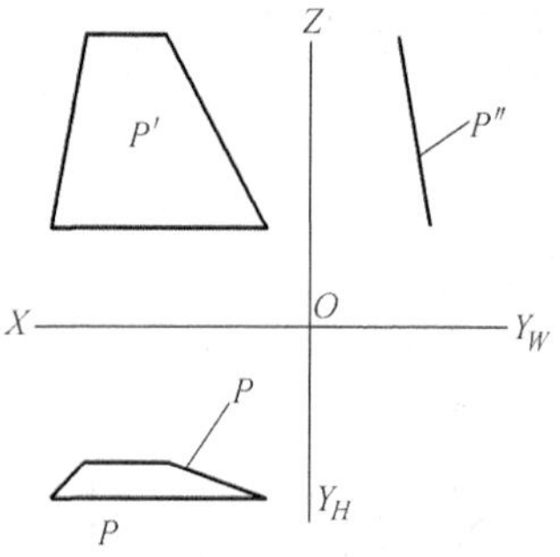	1. *W* 面投影积聚成一条斜直线，并反映与 *H*、*V* 面的倾角 2. 其他两投影面为面积缩小的类似形

可以简化总结为：两框一直线，定是垂直面，线在哪个面，垂直哪个面。

投影面垂直面在所垂直的投影面上的投影积聚成一条直线，该直线与投影轴的夹角就是该平面对另外两个投影面的真实倾角，而另外两个投影面上的投影是该平面的类似形。

3. 一般位置平面　对三个投影面都倾斜的平面为一般位置平面，如图 4-16 所示。

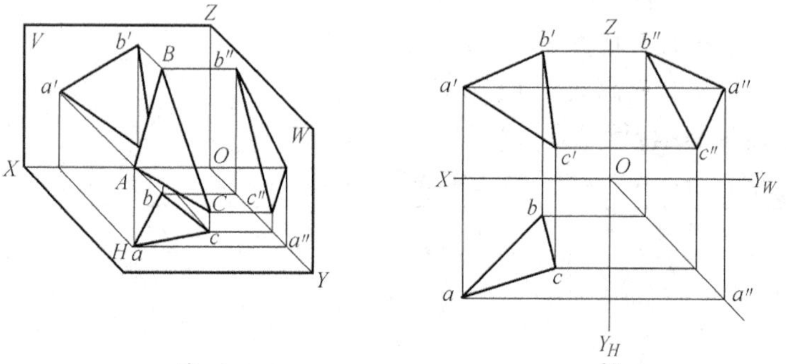

a)　　　　b)

图 4-16　一般位置平面

一般位置平面的投影特性为：三个投影面上的投影既不反映实形，也不积聚成直线，均是原平面图形的类似形，面积均比实形小。

根据平面与三个投影面的相对位置分析，可得出平面的投影特性如下：

1）平面垂直于投影面时，它在该投影面上的投影积聚成一条直线——积聚性。

2）平面平行于投影面时，它在该投影面上的投影反映实形——实形性。

3）平面倾斜于投影面时，它在该投影面上的投影为类似图形——类似性。

4.4　直线与平面、平面与平面的位置关系

直线与平面、平面与平面的相对位置有三种，即平行、相交和垂直。

4.4.1　平行关系

1. 直线与平面平行　由初等几何学可知：若平面外一直线与平面内一直线平行，则此直线与该平面平行；反之，如果一直线与某平面平行，则在此平面上必能作出与该直线平行的直线。

【例 4-5】　过直线 *AB* 作平面平行于直线 *EF*，如图 4-17a 所示。

解：

作图

过直线 *AB* 上的 *A* 点，作直线 $AC /\!/ EF$，则相交两直线 *AB*、*AC* 所决定的平面即为所求。

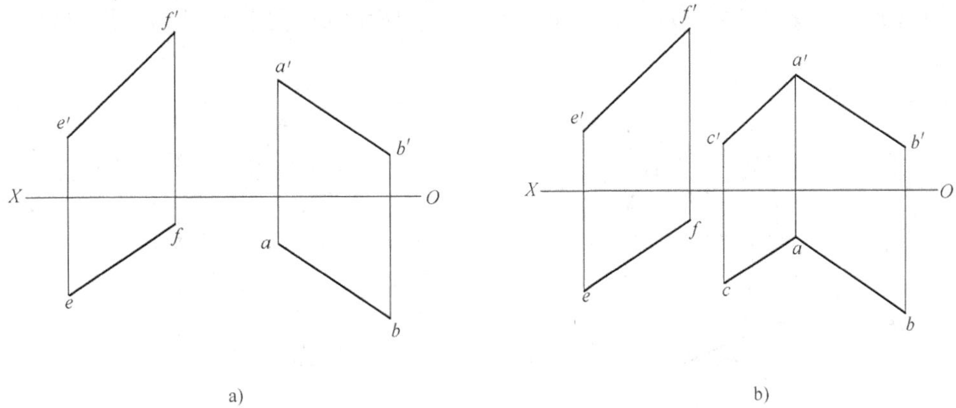

图 4-17　作平面与已知直线平行

2. 平面与平面平行　由初等几何学可知：若一平面内的两相交直线对应地平行于另一平面内的两相交直线，那么这两个平面互相平行。

【例 4-6】　求过点 *D* 作平面与△*ABC* 平面平行，如图 4-18a 所示。

解：

作图

过点 *D* 分别作直线 $DE /\!/ AB$、$DF /\!/ AC$，则由两相交直线 *DE*、*DF* 构成的平面即为所求，如图 4-18b 所示。

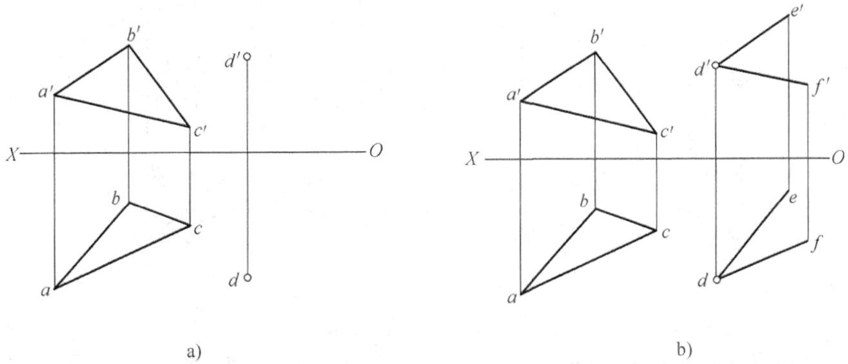

图 4-18　作平面与已知平面平行

4.4.2 相交关系

直线与平面相交，有且只有一个交点。直线与平面的交点既在直线上，又在平面内，是直线与平面的共有点。因此，求直线与平面的交点问题，实质上就是求直线与平面的共有点问题。

平面与平面相交，交线是一条直线。求出交线上的两个共有点，连接起来就得到两平面的交线。因此，求平面与平面交线的问题，实质上就是求两平面的两个共有点的问题。

1. 一般位置直线与投影面的垂直面相交　当相交的两元素中有一个垂直于某投影面时，可利用其在垂直的投影面上的积聚性及交点的共有性，直接求出交点的一个投影。

如图 4-19a 所示，铅垂面 *ABC* 与一般位置直线 *EF* 相交，交点 *M* 的水平投影 *m* 必在平面 *ABC* 的水平投影 *abc* 积聚性投影上，又必在直线 *EF* 的水平投影上，因此 *M* 必在线段 *EF* 与 *abc* 的交点上定出交点 *M* 的水平投影 *m* 后，根据交点的共有性，m'必在 $e'f'$上。即过 *m* 作 *OX* 轴的垂线，与 $e'f'$交于 m'。*m*、m'即为 *EF* 与平面 *ABC* 交点 *m* 的两投影，如图 4-19b 所示。

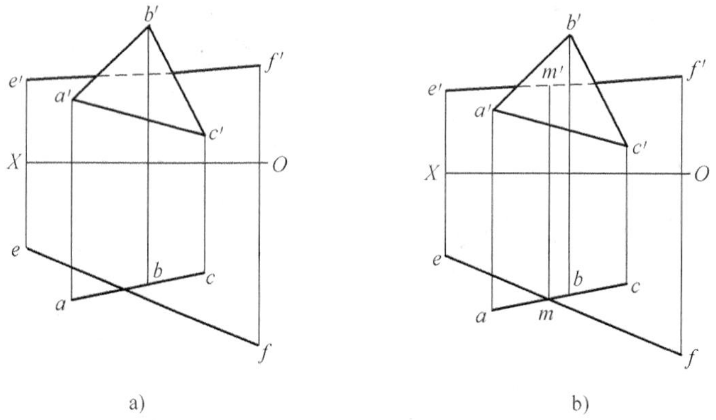

图 4-19　直线与平面相交

2. 一般位置平面与投影面的垂直面相交　如图 4-20a 所示，铅垂面 *ABC* 与一般位置平面 *DEF* 相交。求它们的交线时，可把一般位置平面 *DEF* 看成由两相交直线 *DF*、*EF* 构成，这样就可利用求一般位置直线与投影面的垂直面交点的方法，并两次求得两交点 *m*、*n*，连接起来即得交线 *mn*，如图 4-20b 所示。

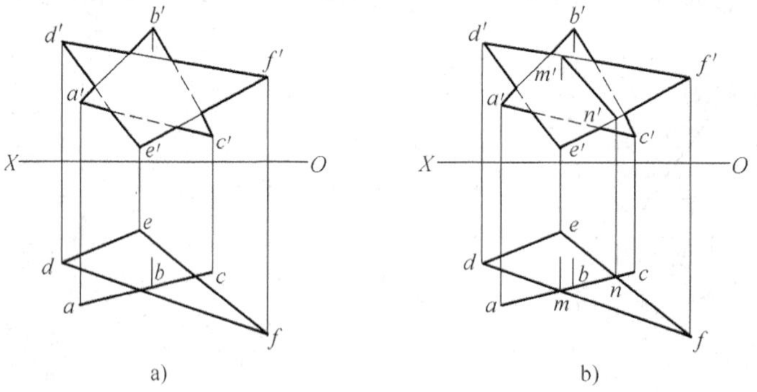

图 4-20　两平面相交

3. 投影面垂直线与一般位置平面相交　如图 4-21a 所示，铅垂线 *EF* 与平面 *ABC* 相交于

点 M。由于直线 EF 的投影在水平面上有积聚性，所以交点的水平投影与 E、F 积聚为一点，其正面投影 m'可用在平面内用取点的方法求出，如图 4-21b 所示。

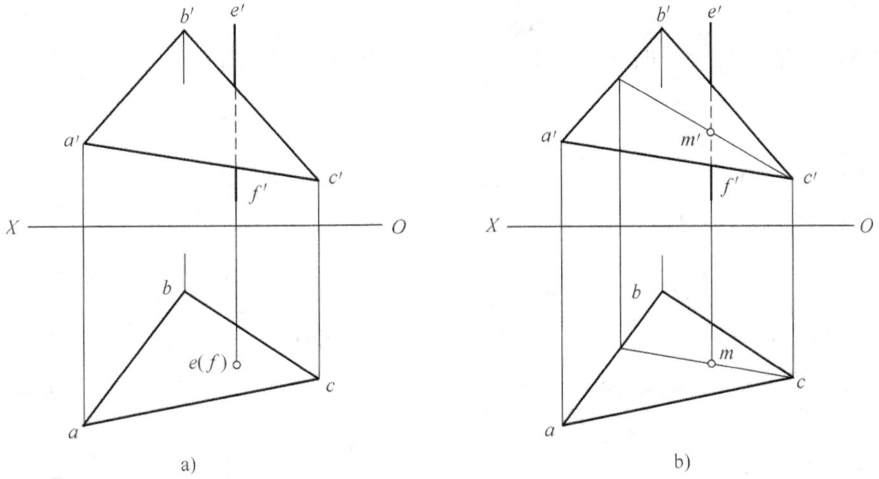

图 4-21　直线与平面的交点

4.4.3　垂直关系

1. 直线与平面垂直　由初等几何学可知：若一直线垂直于某平面，则此直线必垂直于该平面内的任何直线。反之，若一直线垂直于某平面上两相交直线，则此直线必垂直于该平面。

由上述直线与平面垂直的几何性质及直角的投影性质可以得出：若一直线与某平面垂直，则该直线的水平投影垂直于平面内水平线的水平投影，其正面投影垂直于平面内正平线的正面投影。相反，若一直线的水平投影垂直于某平面内水平线的水平投影，同时其正面投影垂直于该平面内正平线的正面投影，则此直线与平面垂直。

【例 4-7】　过点 E 作平面垂直于直线 AB，如图 4-22a 所示。

解：

作图

过点 E 作水平线 DE，使 $DE \perp AB$，再过点 E 作正平线 EF，使 $EF \perp AB$，所以有 $e'f' \perp a'b'$。由两相交直线 DE、EF 构成的平面即为所求，如图 4-22b 所示。

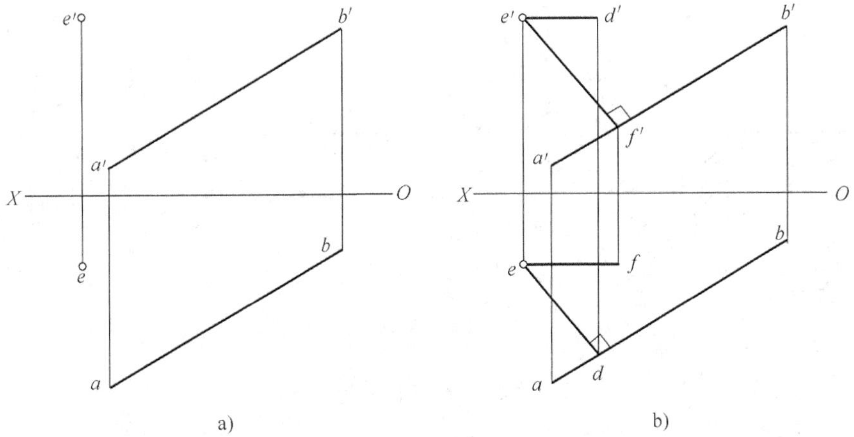

图 4-22　过点作平面垂直于已知直线

2. 平面与平面垂直　由初等几何学可知，若一直线垂直于某平面，则包含此直线的任何平面都与该平面垂直；反之，若两平面互相垂直，则由一平面上任一点向另一平面所作的垂线必在前一平面上。

【例 4-8】　过点 *E* 作平面垂直于平面 *ABC*，如图 4-23a 所示。

解：

作图

过点 *E* 作平面 *ABC* 的垂线 *EF*，再过点 *E* 作任意直线 *ED*，则由相交直线 *DE*、*EF* 构成的平面即为所求，如图 4-23b 所示。

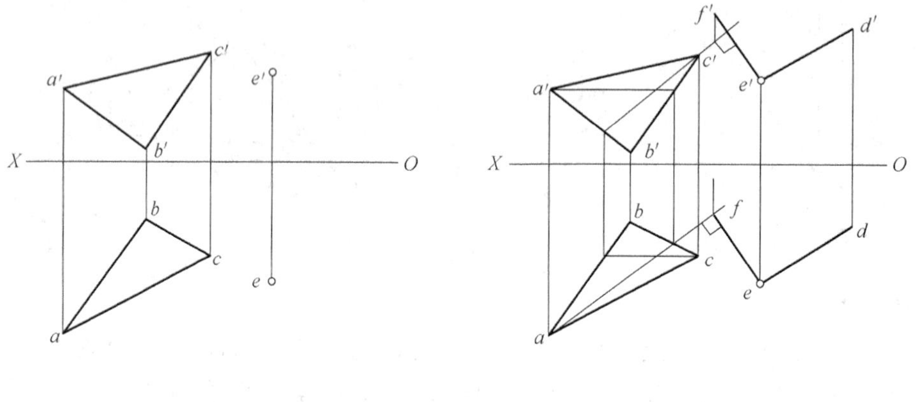

a)　　　　b)

图 4-23　过点作平面垂直于已知平面

4.5　平面上点和直线的投影

4.5.1　平面上的直线

直线在平面上的几何条件是：

1）直线通过平面上的已知两点，则该直线在该平面上，如图 4-24a 所示。

2）直线通过平面上的一个已知点，且又平行于平面上的一条已知直线，则该直线在该平面上，如图 4-24b 所示。

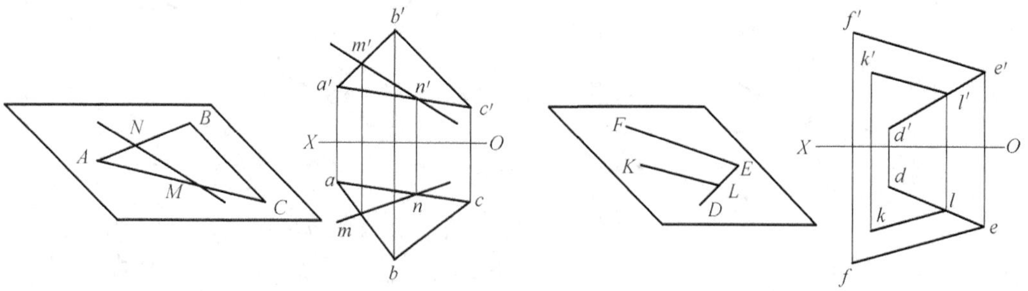

a)　　　　b)

图 4-24　平面上的直线

4.5.2　平面上的点

点在平面上的几何条件是：如果点在平面上的一条已知直线上，则该点必在平面上。

因此在平面上找点时，必须先要在平面上取含该点的辅助直线，然后在所作辅助直线上求点。

在平面上取点、直线的作图，实质上就是在平面内作辅助线的问题。利用在平面上取点、直线的作图，可以解决三类问题：判别已知点、线是否属于已知平面；完成已知平面上的点和直线的投影；完成平面立体表面上点和直线的投影。

【例 4-9】 如图 4-25a 所示，已知△*ABC* 的两面投影和△*ABC* 平面上的 *D* 点的 *V* 面投影 *d'*，求作 *D* 点的 *H* 面投影 *d*。

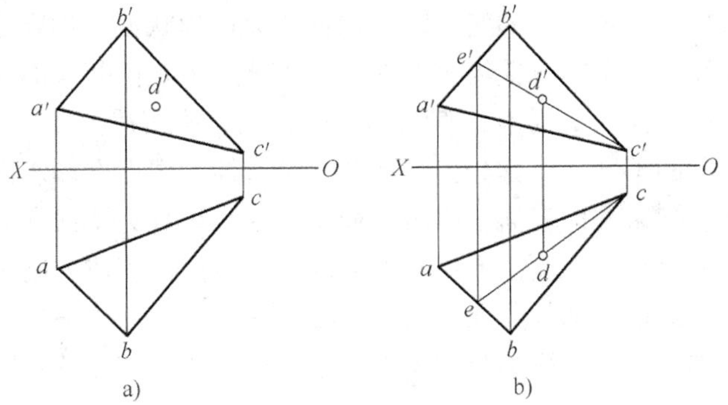

图 4-25 平面内点的投影

解：

作图

1）连 *c'd'* 并延长，交 *a' b'* 于 *e'* 点。

2）由 *e'* 作投射线与 *ab* 交于 *e*，连 *ec*。

3）由 *d'* 作投射线与 *ec* 交得 *d*。

第 5 章　基本体的投影

5.1　立体的基本知识

在建筑工程中会出现各种形状的建筑物及构件，无论形状复杂程度如何，都可以看成是一系列简单几何立体按照一定的方式组合而成的。由于立体是由其表面围成的，因此立体的投影规律应满足其表面几何元素（点、直线和平面）的投影规律。

根据立体复杂程度的不同，将其分为基本体和组合体。根据立体表面性质的不同，将其分为平面体和曲面体。如果立体表面全部由平面所围成，则称为平面立体，最基本的平面立体有棱柱和棱锥等。如果立体表面全部由曲面或曲面和平面所围成，则称为曲面立体，最基本的曲面立体有圆柱、圆锥、球等。在建筑工程制图中，通常将棱柱、棱锥、圆柱、圆锥、球等简单立体称为基本几何体，简称基本体。本章主要介绍基本体的投影规律。

5.2　基本体的投影

5.2.1　平面立体的投影

平面立体的各个表面都是平面多边形，全部由直线段围成，而每一条直线段都是由两个端点所确定。因此平面立体的投影就是各个多边形表面的投影，也是各条棱线及定点的投影。在平面立体中，可见棱线用实线表示，不可见棱线用虚线表示，作图时应区分图元的可见和不可见。常见的基本形体如图 5-1 所示。

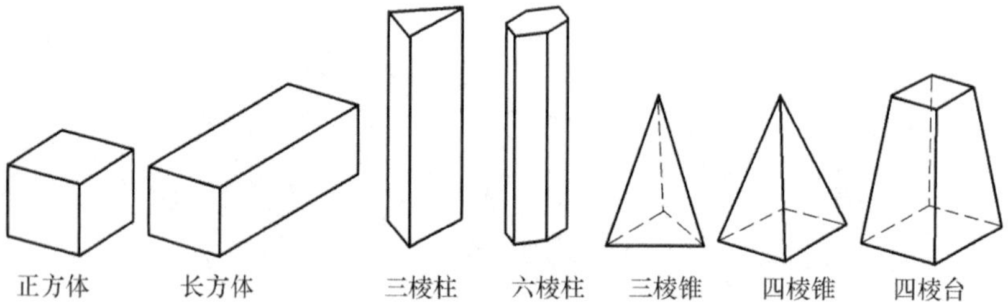

图 5-1　基本平面形体

1. 棱柱的投影

（1）形体特征　底面为多边形，各侧面为平行四边形的立体就是棱柱体。棱线垂直于底面的棱柱称为直棱柱，直棱柱的各侧面都是矩形。棱线倾斜于底面的棱柱称为斜棱柱，斜棱柱的各侧面都是平行四边形。棱柱的命名以其底面的形状为依据，底面为三角形称为三棱柱，底面为四边形称为四棱柱（直四棱柱又称为长方体，各条棱长度相等的四棱柱又称为正方体）。本部分以直六棱柱为例进行介绍。直六棱柱由上下两个底面（六边形）和六个侧面（长方形）围成。

（2）放置方式　放置形体时要考虑两个因素：一是形体处于稳定状态；二是研究投影规律的方便。为了研究问题方便，应尽量使形体的表面平行或垂直于投影面。直六棱柱放置时选上下底面平行于 H 面，前后两个侧面平行于 V 面，其余侧面垂直于 H 面。

（3）投影分析　图 5-2 为直六棱柱的三面投影图，因为上下两个底面是水平面，前后两个侧面是正平面，所以形体的水平投影是一个六边形，这个六边形是上下两个底面的重合投影，反映了实形。六边形的六条边是六个侧面的积聚投影，六边形的六个顶点分别是六条侧棱的水平积聚投影。六棱柱的前后侧面是正平面，正面投影反映实形；其余四个侧面两两对称，都是铅垂面，正面投影反映类似性。这些共同组成棱柱正面投影的外形轮廓线，六条侧棱的投影反映实形，上下底面反映积聚性。该六棱柱的上下两个底面为水平面，前后两个侧面为正平面，其余侧面是铅垂面，所以侧面投影的外形轮廓线是矩形，两个线框是四个侧面的投影，不反映实形。

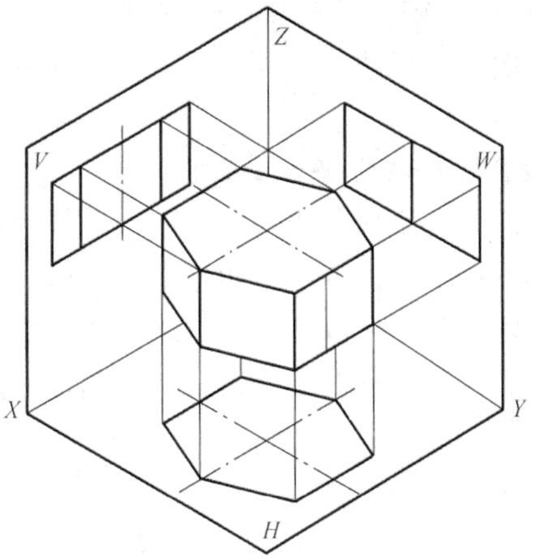

a)

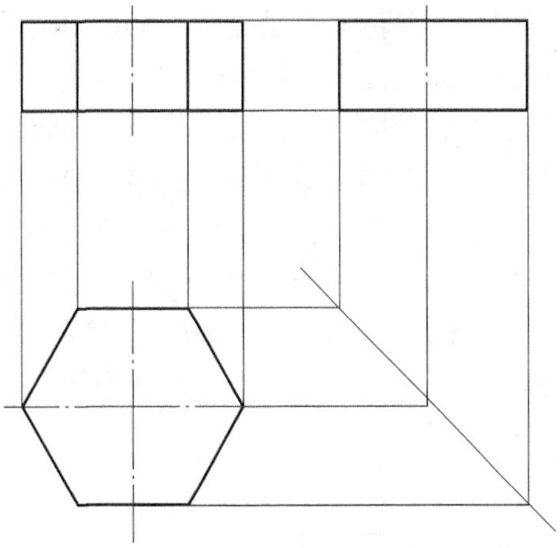

b)

图 5-2　六棱柱的投影

（4）视图特征　通过上述分析，可以总结出棱柱体的视图特征。

1）反映底面实形的视图为多边形。

2）另两个视图都是矩形（或矩形的组合图形）。

基本体中，柱体的投影特征可归纳为四个字“矩矩为柱”。柱体必有两个投影的外线框是矩形；反之，若某一个物体两个投影的外线框都是矩形，则该物体一定是柱体，第三个投影可用来判别是哪种柱体。

（5）作图步骤（图 5-3）

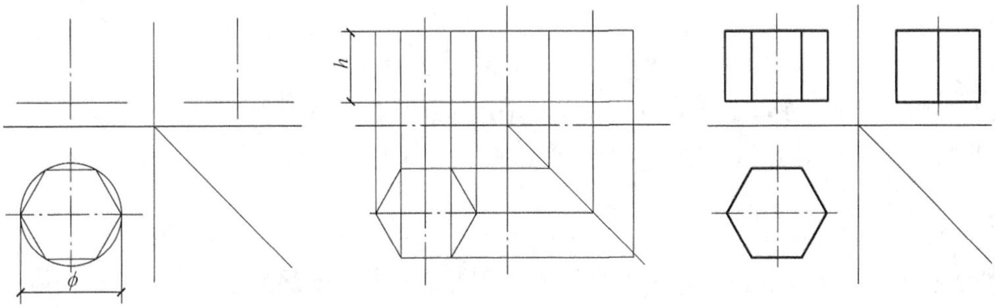

a)　b)　c)

图 5-3　正六棱柱投影图的作图步骤

a）画基准线及反映底面实形的水平投影　b）按投影关系画其他两面投影　c）检查底稿，整理描深

1）研究平面立体的几何特征，决定放置方式即确定正面投射方向。通常将形体的表面尽量平行（或垂直）于投影面。

2）分析该形体三面投影的特点。

3）布图（定位），画出基准线。

4）先画出反映形体实形或积聚性的投影，再根据投影关系画出其他投影。

5）标注尺寸，检查、整理加深。

2. 棱锥的投影

（1）形体特征　底面是多边形，各侧面为具有共同顶点三角形的立体就是棱锥。底面为正多边形，各侧面都是全等等腰三角形的棱锥称为正棱锥，其锥顶在过底面中心的垂线上。棱锥体以底面多边形的边数进行命名，侧棱和底面三角形边长相等的正三棱锥又称为正四面体。本部分以正三棱锥为例介绍棱锥的投影。

（2）放置方式　为了研究问题方便，正三棱锥放置时选底面平行于 H 面。

（3）投影分析　图 5-4 为正三棱锥的三面投影图，因为底面是水平面，所以形体水平投影的外形轮廓线是一个三角形，反映了实形。s 是锥顶的投影，位于三角形 abc 的形心，它与三个角点的连线 sa、sb、sc 是三条侧棱的投影；中间三个小三角形是三个侧面的投影。正面投影是两个全等的三角形，是三个侧面的投影。侧面投影是一个非等腰直角三角形，是三个侧面的投影。

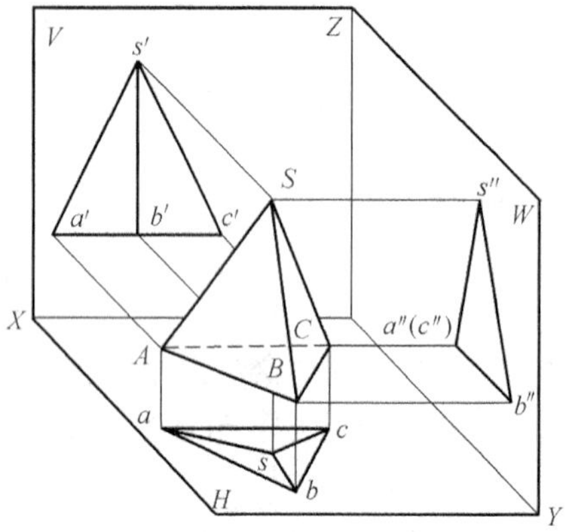

a)

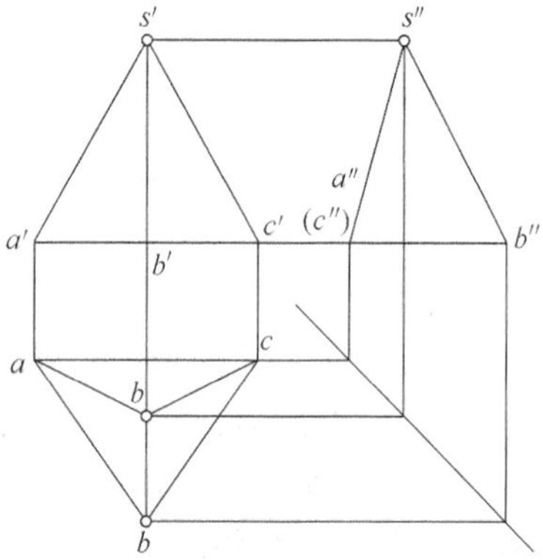

b)

图 5-4　正三棱锥的三面投影图

（4）视图特征　通过上述分析，可以总结出棱锥体的视图特征。

1）反映底面实形的视图为多边形（包括多个三角形）。

2）另两个视图都是三角形（或三角形的组合图形）。

基本体中，锥体的投影特征可归纳为四个字“三三为锥”。只要是锥体，则必有两个投影的外线框是三角形；反之，若某一个物体两个投影的外线框都是三角形，则该物体一定是锥体，第三个投影可用来判别是哪种锥体。

（5）作图步骤　棱锥投影的作图步骤和棱柱投影的作图步骤基本相同（以正五棱锥为例），如图 5-5 所示。

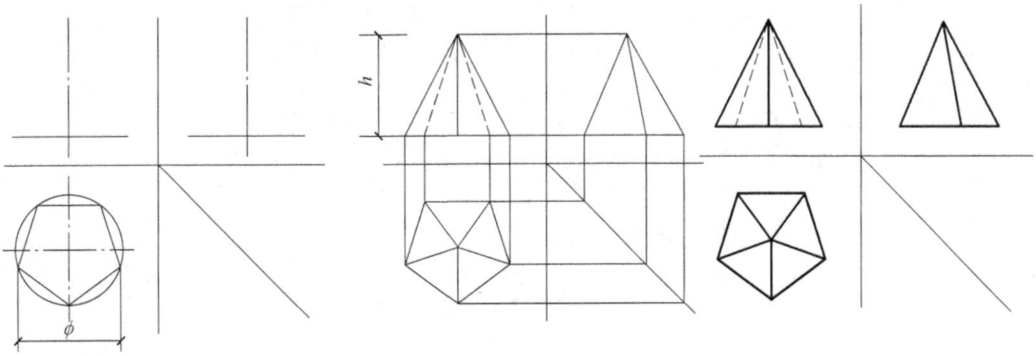

图 5-5　正五棱锥投影图的作图步骤

3. 棱台的投影

（1）形体特征　棱锥的底面和平行于底面的一个截面间的部分，叫做棱台。由三棱锥、四棱锥、五棱锥……截得的棱台，分别叫做三棱台，四棱台，五棱台……由正棱锥截得的棱台叫做正棱台，正棱台的侧棱相等，侧面是全等的等腰梯形。各等腰梯形的高相等，它叫做正棱台的斜高；正棱台的两底面以及平行于底面的截面是相似正多边形；正棱台的两底面中心连线、相应的边心距和斜高组成一个直角梯形；两底面中心连线、侧棱和两底面相应的半径也组成一个直角梯形，本部分以五棱台为例介绍棱台的投影规律。

（2）放置方式　为了便于研究问题，正五棱台放置时选底面平行于 H 面。

（3）投影分析　棱台的投影可以看作两个棱锥投影相减的结果，如图 5-6 所示。

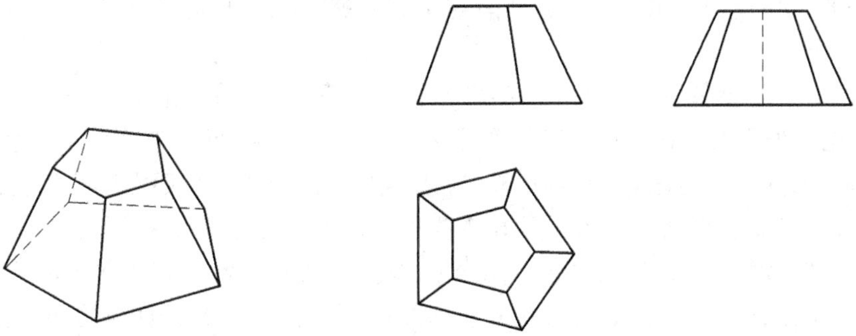

图 5-6　正五棱台的投影

（4）视图特征　通过上述分析，可以总结出棱台体的视图特征。

1）反映底面实形的视图为多边形。

2）另两个视图的外形轮廓线都是梯形（或梯形的组合）。

基本体中，柱体的投影特征可归纳为四个字“梯梯为台”。只要是台体，则必有两个投影的外线框是梯形；反之，若某一个物体两个投影的外线框都是梯形，则该物体一定是棱台体，第三个投影可用来判别是哪种台体。

（5）作图步骤　棱台投影的作图步骤和棱锥投影的作图步骤基本相同，去掉多余的形体。

【例 5-1】　求作四棱台的正面投影，如图 5-7 所示。

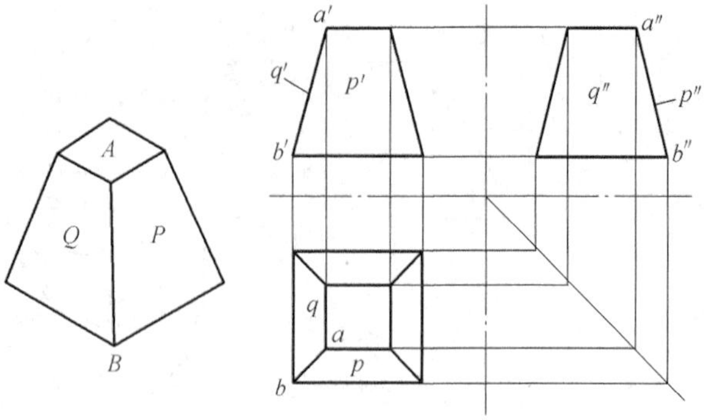

图 5-7　四棱台的投影

解：

分析

1）四棱台的上下底面都与 H 面平行，前后两侧面为侧垂面，左右两侧面为正垂面。

2）上下两底面的水平投影反映实形；其正面、侧面投影积聚为直线。

3）前后两侧面是侧垂面，其侧面投影积聚为直线，水平投影和正面投影为类似的四边形。

4）左右两侧面是正垂面，其正面投影为直线，水平投影和侧面投影为类似的四边形。

作图

1）根据形体特征，先做出正面投影，向下“长对正”引铅垂线，向右“高平齐”引水平线。

2）根据形体宽度作出水平投影，并向右“宽相等”引水平线至45°线。

3）加深图线。

注意作图时一定要满足“长对正、高平齐、宽相等”的投影规律。

4. 平面立体表面点和直线的投影　平面立体的表面都是平面多边形，在其表面上求点、直线的作图问题，实质上就是对平面上求点、直线作图的应用。平面立体的各表面存在着相对位置的差异，必然会出现表面投影的相互重叠，从而产生各表面投影的可见与不可见问题。因此，立体表面上，点和直线的投影还应考虑它们的可见性。判断立体表面上点和直线可见与否的原则是：如果点、直线所在的表面投影可见，那么点、直线的同面投影一定可见，否则就不可见。

平面立体表面上点、直线的求解问题一般是已知立体的三面投影和表面上一点（或直线）的一面投影，求该点（或直线）的另外两面投影。这类问题的求解方法有：

（1）从属性法　当点位于立体表面的某条棱线上时，那么点的投影必定在棱线的投影上，即可利用线上点的“从属性法”求解。

【例 5-2】　如图 5-8 所示，M、N 分别是立体表面上的两个点。已知 M 点的正面投影 m'和 N 点的水平投影 n，试求点 M、N 的另外两面投影。

解：

读图及分析

由基本体的投影特征“三三为锥”可知，图 5-8 所示的是一个正三棱锥，点 M 和 N 分别是其棱线 SA 和 SB 上的点。本例中正三棱锥的棱线 SA 是一条一般位置直线，其上 M 点的水平和侧面投影可直接利用从属性求出。棱线 SB 是侧平线，必须先求出 N 点的侧面投影，然后再求出它的正面投影；或者利用比例法直接求出其正面投影。

作图

如图 5-8b、c 所示。

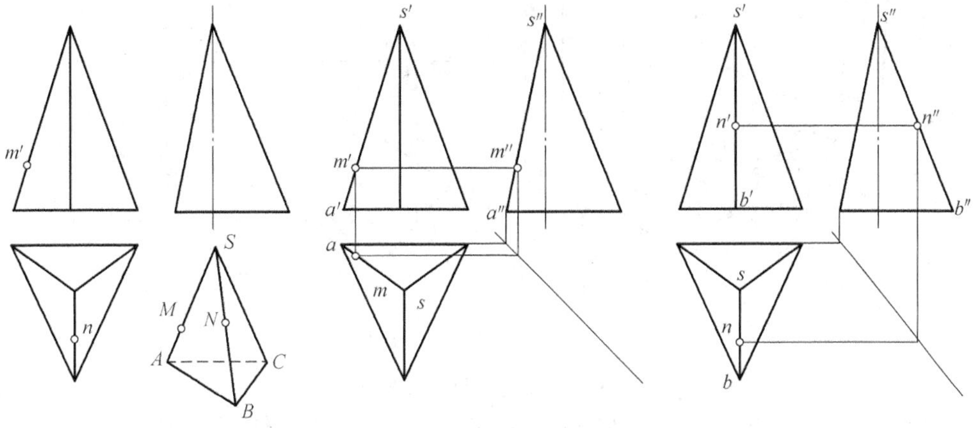

图 5-8　利用“从属性法”求平面立体表面上点的投影

a）已知条件　b）求 M 点的投影　c）求 N 点的投影

1）过 m' 作铅垂线与直线 SA 的水平投影 sa 相交于 m 点，过 m' 作水平线与直线 SA 的侧面投影 $s''a''$ 相交于 m''，m、m'' 即为棱线 SA 上点 M 的水平与侧面投影。

2）过 n 作水平线与 45°斜线相交，过此交点作铅垂线与直线 SB 的侧面投影 $s''b''$ 相交于 n''，过 n'' 作水平线与直线 SB 的正面投影 $s'b'$ 相交于 n'，n'、n'' 即为棱线 SB 上点 N 的正面与侧面投影。

（2）积聚性法　当点所在的立体表面对某投影面的投影具有积聚性时，那么点的投影必定在该表面对这个投影面的积聚投影上。

【例 5-3】　如图 5-9 所示，已知四棱柱的三面投影及其表面上的点 M、N 的正面投影，求出另外两面投影。

解：

分析

从已知投影可知，M 点的正面投影 m' 为可见，所以 M 在前表面 AA_1B_1B 上。N 点的正面投影 n' 不可见，所以必在 AA_1D_1D 平面上，其侧投影 n'' 为可见。

作图

1）求点 m、m''。点 M 在棱面 AA_1B_1B 上，该平面为铅垂面。其水平投影积聚成一条直线，点 m 也积聚在该直线上，由 m，点按投影关系直接求得。再由 m'、m 可求得 m''。

2）求点 n、n''。点 N 在棱面 AA_1D_1D 上，该棱面水平投影积聚成一条直线，点 n 也积聚在该直线上，可求得 n、n''。

（3）辅助线法　当点所在的立体表面无积聚性投影时，必须利用作辅助线的方法来帮

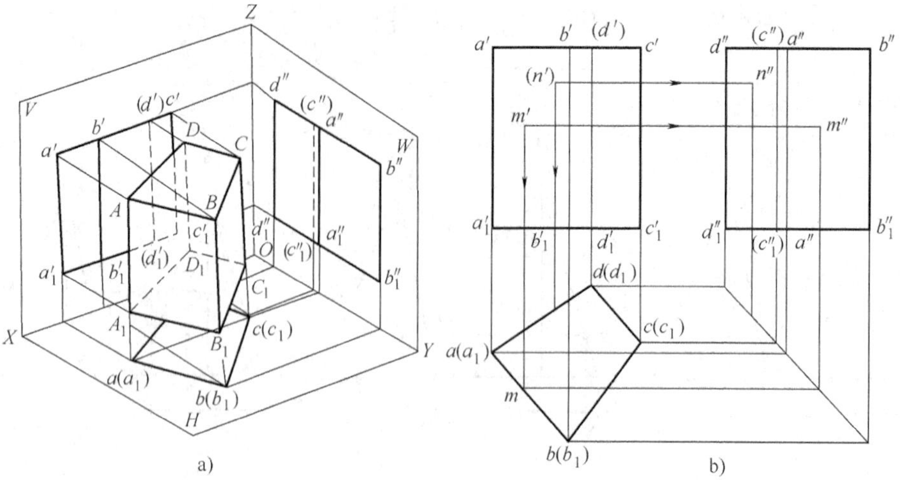

图 5-9　四棱柱表面上点的投影

助解。这种方法是先过已知点在立体表面作一条辅助直线，求出辅助直线的另两面影，再依据点的“从属性法”，求出点的各面投影。

如图 5-10a 所示，在三棱锥的 *SAB* 棱面上给出了点 *M* 的正面投影 m'，又在 *SBC* 棱面上给出了点 *N* 的水平投影 *n*。为了作出 *M* 点的水平投影 *m* 和 *N* 点的正面投影 n'，可以运用前面讲过的在平面上定点的方法，即首先在平面上画一条辅助线，然后在此辅助线上定点。图 5-10b 说明了这两个投影的画法，图中过 *M* 点作一条平行于底边的辅助线，而过 *N* 点作一条通过锥顶的辅助线。所求的投影 *m* 是可见的，投影 n'是不可见的。

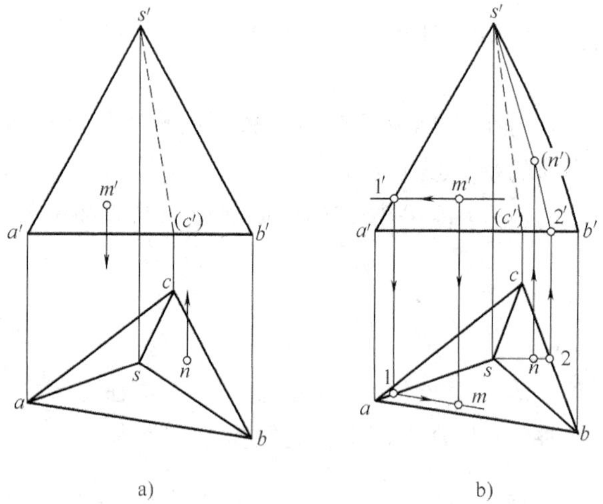

图 5-10　三棱锥表面点的投影

a）已知图样　b）所求图样

【例 5-4】　如图 5-11 所示，已知三棱锥的三面投影及其表面上的线段 *EF* 的投影 *ef*，求出线段的其他投影。

解：

分析

从已知投影可知，线段 EF 的水平投影 ef 为可见，所以 EF 必在左棱面△SAB 上，△SAB 为一般位置平面，故可以过 EF 作一条辅助线，根据从属关系求出 E、F 点的投影。

作图

1）过 ef 作一辅助直线 12。

2）求 $1'2'$、$1''2''$。从 1 点的水平投影 1 向上作铅直线，与 $s'a'$交于 $1'$；从 2 点向右作水平线至 45°线，转向上得出 $2''$，再向左得出 $2'$，连接 $1'2'$、$1''2''$，两投影均为可见。

3）求 $e'f'$、$e''f''$。从水平投影 ef 向上作铅直线，得出 $e'f'$，再向右作水平线得出 $e''f''$，两投影均为可见。

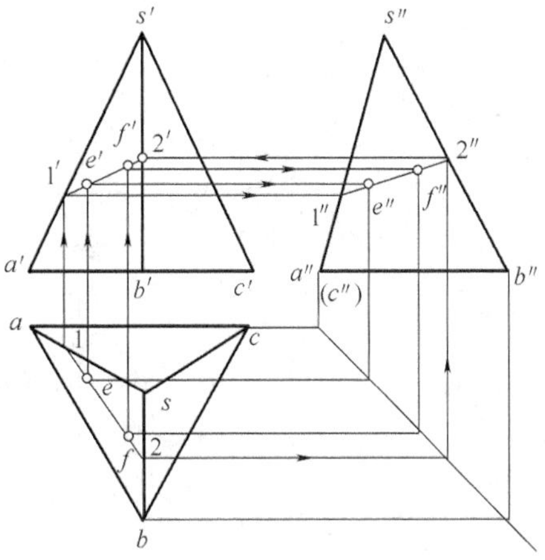

图 5-11　三棱锥表面上定线

【例 5-5】　如图 5-12 所示，已知正六棱柱三面投影及棱线上点 M、N 的正面投影，求点 M、N 的另两面投影。

解：

分析

从已知投影可知，点 M 的正面投影 m'可见，点 N 的正面投影 n'不可见，两点都在棱柱的棱线上，所以点 M 在棱柱左边棱线上，点 N 在棱柱的右、后方棱线上。

作图

1）过 m'、n'作水平线，交棱柱体相应棱线的侧面投影于 m''（可见）、n''（不可见）。

2）根据棱柱体棱线水平投影的积聚性可以判断出点 M、N 的水平投影在正六边形的相应顶点上。

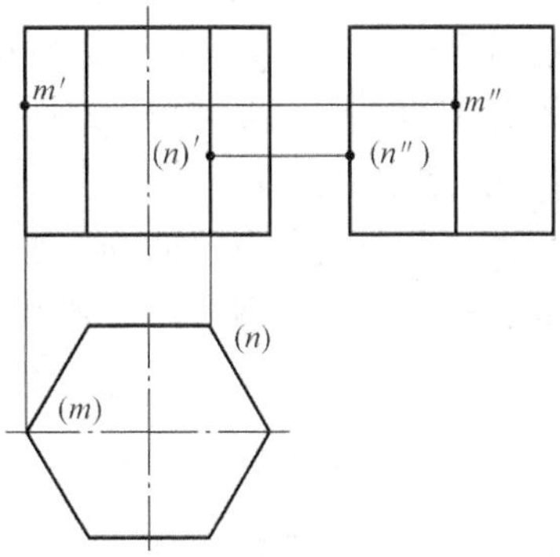

图 5-12　棱柱体表面点的投影

【例 5-6】　如图 5-13 所示，已知三棱锥 $SABC$ 的两面投影和棱锥表面直线 MN 的水平投影，求直线 MN 的正面投影，并判别可见性。

解：

分析

从已知投影可知，直线 MN 位于三棱锥的两个侧面上，不是一条平面直线，因此正面投影必然表现为折线，将折点表示为点 K，可以采用两点确定一条直线的方法求得。

作图

1）作过点 m 辅助线 $a1$，与直线 sb 相交于点 1。

2）过点 1 向上做直线交 $s'b'$于 $1'$，连接直线 $a'1'$，过 m 向上做直线交 $a'1'$于 m'点。

3）过直线 mn 与 sa 的交点 k 向上做直线交 $s'a'$于 k'点，过 kn 与 sc 的交点 2 向上做直线，交 $s'c'$于 $2'$点。

4）连接 $k'2'$，过 n 向上做直线交 $k'2'$于 n'。

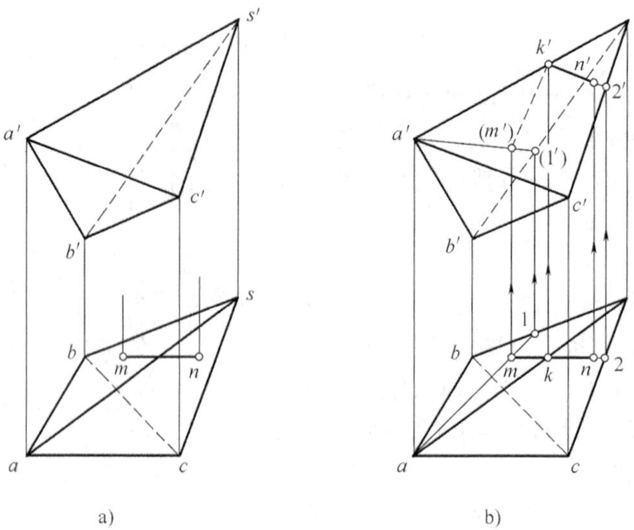

图 5-13　三棱锥表面直线的投影

5）折线 $m'k'n'$ 即为空间直线 *MN* 的正面投影。

直线 *MN* 位于三棱锥的两个侧面上，被折点分为两段 *MK* 和 *KN*，*MK* 在侧面 *SAB* 上，*KN* 在侧面 *SAC* 上，在正面投影中侧面 *SAB* 不可见，侧面 *SAC* 可见，根据判断立体表面上直线可见与否的原则可以得出，*MK* 的正面投影不可见，而 *KN* 的正面投影可见。

5.2.2　曲面立体的投影

由曲面围成或者由曲面和平面围成的立体称为曲面立体。常见的曲面立体大多是回转体，如圆柱、圆锥、圆台、球和环等，如图 5-14 所示。

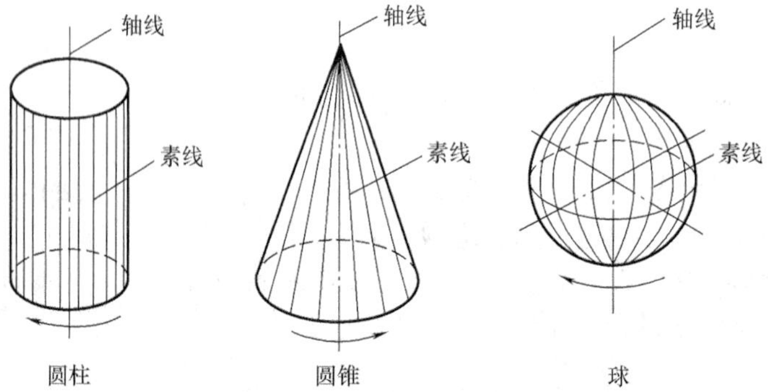

图 5-14　曲面及素线示意图

在曲面立体中，曲线可以看成一个点按照一定规律运动而形成的轨迹，包括平面曲线（圆、椭圆等）和空间曲线（螺旋线等）。曲面可以看成由一条运动着的直线或曲线在空间围绕固定轴线运动而形成的轨迹，包括直线曲面（圆柱侧面等）和曲线曲面（球等）。这条运动着的线称为母线，母线在曲面上的任意位置称为素线。例如，圆柱体的素线是相互平行的直线，圆锥体的素线是汇集于锥顶的直线，球的素线是通过球体表面的半圆弧线（或圆弧线）。母线上任意一点的运动轨迹是圆，该圆垂直轴线，称为纬圆。

确定曲面范围的外形线称为轮廓线，轮廓线可以是可见和不可见的分界线。轮廓线的确定和投影体的形状及投影体的摆放位置有关。当回转体的轴线在投影体系中安放位置合理时，轮廓线和素线重合，这种素线称为轮廓素线。在投影体系中常用的四条轮廓素线分别是形体最前面素线、最后面素线、最左边素线和最右边素线。

1. 圆柱的投影

（1）形体特征　圆柱可以看成是一个矩形平面绕着一条边回转一周所形成，也可以看成是一条直线（母线）围绕平行线（轴线）运动一周所形成。它由上下两个底面（圆）和一个侧面围成。

（2）放置方式　当圆柱体在投影面体系中的位置一经确定，它对各投影面的投影轮廓也随之确定。本部分只研究圆柱轴线垂直于某一投影面，且底面、顶面为投影面平行面时的情况。以直圆柱体为例进行研究，其轴线垂直于水平投影面，两底面互相平行且平行于水平面，圆柱面垂直于水平面，如图 5-15 所示。

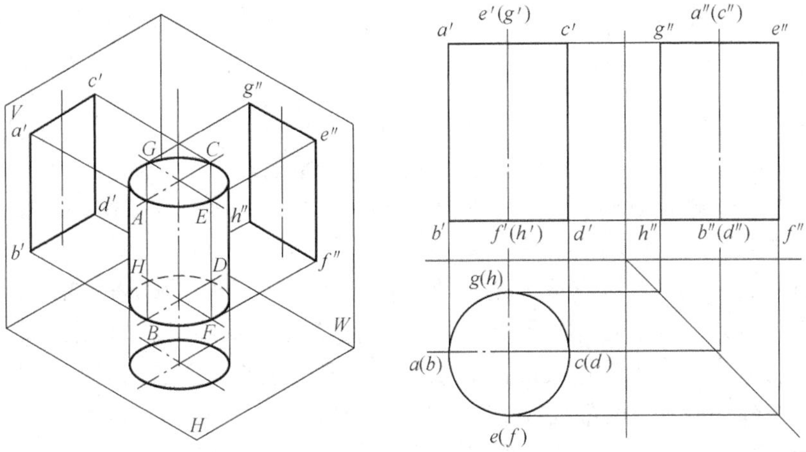

图 5-15　圆柱的投影

（3）投影分析　圆柱的 H 面投影为一圆形。它所围成的圆形线框是两底面的重合投影（实形），圆周是圆柱侧面的积聚投影。圆柱的正面投影为一矩形。该矩形的上下两条边为圆柱体上下两底面的积聚投影，而左右两条边线则是圆柱面的左右两条轮廓素线的投影。该矩形线框表示圆柱体前半圆柱面与后半圆柱面的重合投影。圆柱的侧面投影也为一矩形。该矩形的上下两条边为圆柱体上下两底面的积聚投影，而左右两条边线则是圆柱面的前后两条轮廓素线的投影。该矩形线框表示圆柱体左半圆柱面与右半圆柱面的重合投影。

（4）视图特征

1）反映底面实形的投影为圆。

2）另两视图均为矩形。

通过上述分析，可以总结出圆柱体的视图特征和棱柱体的视图特征基本相同，都表现为“矩矩为柱”，区别在于圆柱体的底面投影不再是多边形，而是圆。

（5）作图步骤

1）用单点画线画出圆柱体各投影的轴线、中心线。

2）用直径画出水平投影圆。

3）用“长对正”和高度作正面投影。

4）用“宽相等”和“高平齐”作侧面投影。

注意：圆柱面上的 AB、CD 两条素线的侧面投影与轴线的侧面投影完全重合，所以它们的侧面投影不能画出；同样 EF、GH 两条素线的正面投影也不能画出，非轮廓线的素线投影不能画出，绘图过程详如图 5-16 所示。

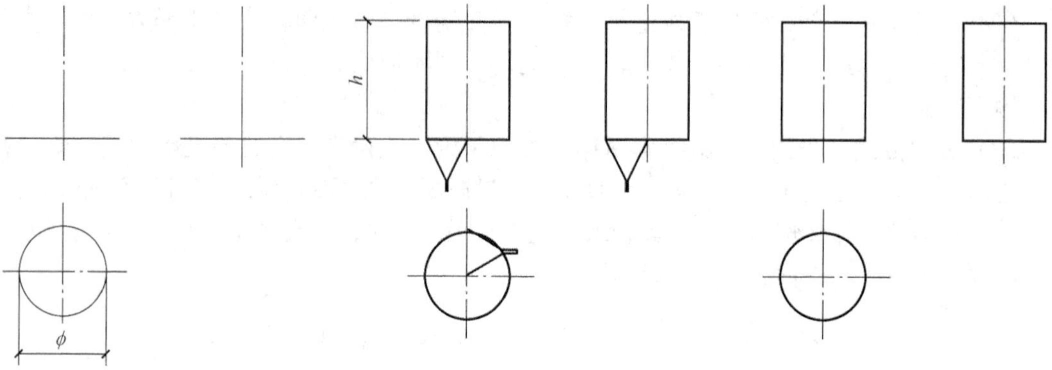

a)　　b)　　c)

图 5-16　圆柱投影图的作图步骤

a）画基准线及反映底面实形的水平投影　b）按投影关系画其他两面投影　c）检查底稿、整理描深

2. 圆锥的投影

（1）形体特征　圆锥可以看成一个直角三角形绕一条直角边回转一周所形成，也可以看成一条直线围绕另一条相交直线回转一周所形成。圆锥体由圆锥面和底面所围成。

（2）放置方式　当圆锥体在投影面体系中的位置一经确定，它对各投影面的投影轮廓也随之确定。本部分只研究圆锥轴线垂直于某一投影面，且底面为投影面平行面时的情况。以直圆锥体为例进行研究，其轴线垂直于水平投影面，底面平行于水平面，如图 5-17 所示。

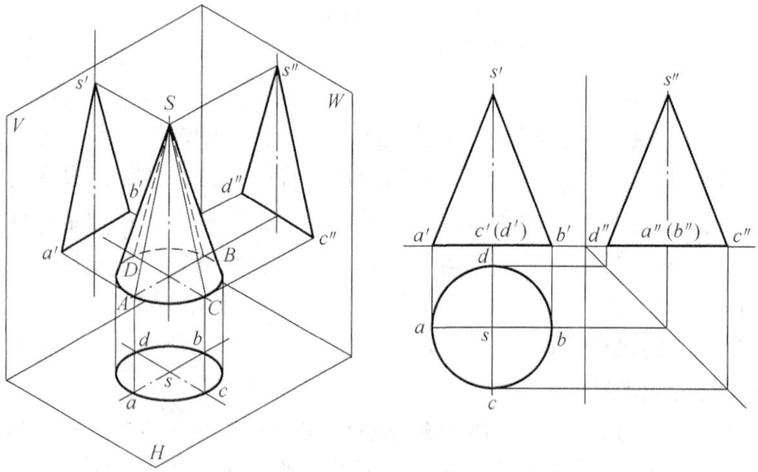

图 5-17　圆锥体的投影图

（3）投影分析　水平投影为一个圆，圆弧部分是底面的实形，圆弧所围部分是圆锥侧面的投影，锥顶的投影与圆心重合。正面投影为一等腰三角形，三角形的底边是圆锥底面的积聚投影，三角形的腰分别是圆锥面上最左边素线 SA 和最右边素线 SB 的显实投影。侧面

投影亦为一等腰三角形，三角形的底边是圆锥底面的积聚投影，三角形的腰分别是圆锥面上最前边素线 *SC* 和最后边素线 *SD* 的显实投影。

（4）视图特征

1）反映底面实形的视图为圆。

2）另外两个视图都是等腰三角形。

通过上述分析，可以总结出圆锥体的视图特征和棱锥体的视图特征基本相同，都表现为“三三为锥”，区别在于底面不再是多边形，而是圆。

（5）作图步骤

1）用单点长划线画出圆锥体三面投影的轴线、中心线。

2）画出底面圆的三面投影。底面为水平面，水平投影为反映实形的圆，其他两投影积聚为直线段，长度等于底圆直径。

3）依据圆锥的高度画出锥顶点 *S* 的三面正投影。

4）画轮廓线的三面正投影，即连接等腰三角形的腰。

圆锥面是光滑的，和圆柱面类似，当素线的投影不是轮廓线时，均不画出，如图 5-18 所示。

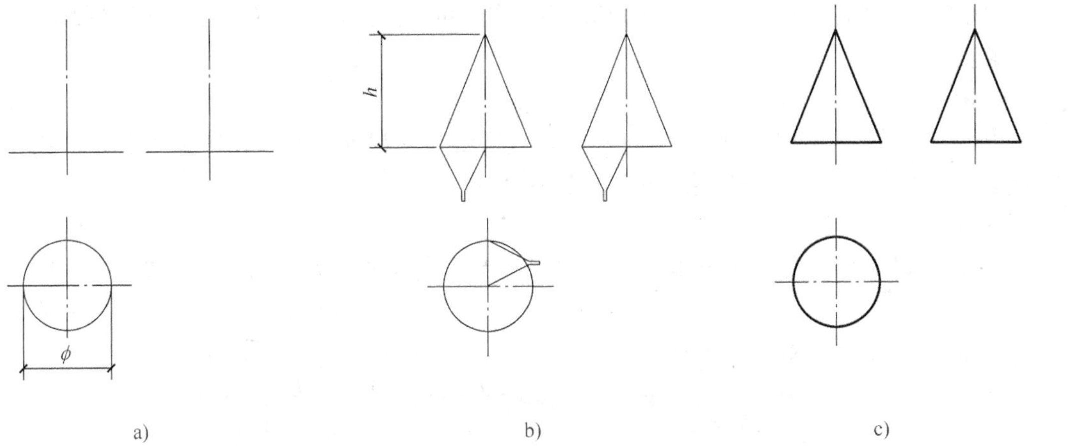

图 5-18　圆锥体投影图的作图步骤

a）画基准线及反映底面实形的水平投影　b）按投影关系画出其他两面投影　c）检查底稿、整理描深

3. 球的投影

（1）形体特征　球面是半圆的弧线绕旋转轴旋转而成的，是一种曲线曲面。因此球体是由球面所围成的，球面上的素线是半圆弧线，球面的旋转轴可以根据需要确定。

（2）放置方式　通过球心的直线都可以作为轴线，球面上任何一条半圆弧（或圆弧）都可以作为母线，因此球的放置方式对投影不产生影响。

（3）投影分析　球体的三面投影图均为与球的直径大小相等的圆，故又称为“圆圆为球”，如图 5-19 所示。正面投影、水平投影和侧面投影分别是球体的前、上、左 3 个半球面的投影，后、下、右 3 个半球面的投影分别与之重合；3 个圆周代表了球体上分别平行于正面、水平面和侧面的 3 条素线圆的投影。

4. 曲面立体表面点、线的投影

曲面立体表面上点和线的投影作图，与平面立体表面上点和直线的投影作图原理一样，

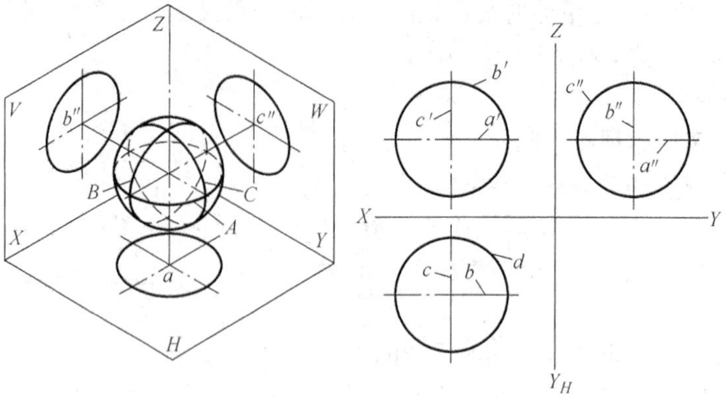

a)　　b)

图 5-19　球的投影图

a）直观图　b）投影图

其可见性判别的原则也一样。

（1）从属性法　当点或线位于曲面立体的轮廓素线上时，可利用“从属性法”求解。

【例 5-7】　如图 5-20 所示，已知立体表面上点 K 的正面投影 k'，求其另外两面的投影。

解：

分析

由“圆圆为球”可知，该立体为一球体，K 点在其侧视方向的轮廓素线上。根据线上定点法，其投影一定在相应的轮廓素线的投影上。

求解

如图 5-20b 所示，过 k'点根据“高平齐、宽相等”即可求得 K 点的另两投影 k、k''。

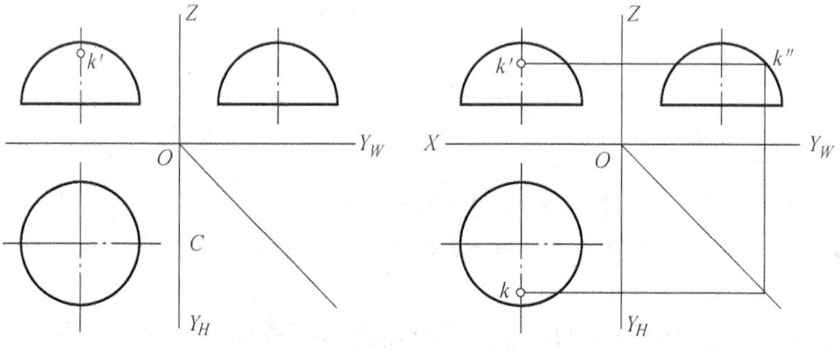

a)　　b)

图 5-20　利用“从属性法”求球表面上的点

a）已知条件　b）作图

（2）积聚性法　当点或线所在的立体表面有积聚性时，可利用“积聚性法”求解。

【例 5-8】　如图 5-21 所示，已知圆柱面上 AB 线段的正面投影 $a'b'$，求其另两面投影。

解：

分析

1）圆柱的轴线垂直于侧面，其侧面投影积聚为圆，正面投影、水平投影为矩形。

2）线段 AB 是圆柱面上的一段曲线。求曲线投影的方法是画出曲线上诸如端点、分界点等特殊位置点及适当数量的一般位置点，并把它们光滑连接即可。

作图

1）求出端点 A 和 B 的投影。利用积聚性，求得侧面投影 a''、b''，再根据投影关系求出 a、b。

2）求曲线在轮廓线上的点 c 的投影。点 c 在水平投影转向轮廓线（轮廓素线）上，根据转向轮廓线的投影位置，可求出点 c 的侧面投影 c''和水平投影 c。

3）求适当数量的中间点。在 $a'b'$ 上取点 1′、2′，然后求其侧面的投影 1″、2″，再根据投影关系求出水平投影 1、2。

（3）辅助素线或辅助纬圆法　当点或线所在的曲面立体表面无积聚性时，则必须利用“辅助线法”求解，如位于圆锥（圆台）的锥面上的点或线，可利用辅助素线或辅助纬圆法；而位于球的球面上的点或线可利用辅助纬圆法。

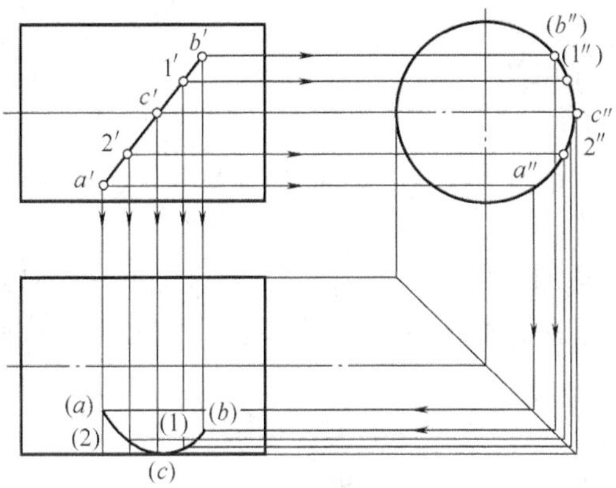

图 5-21　圆柱面上取线

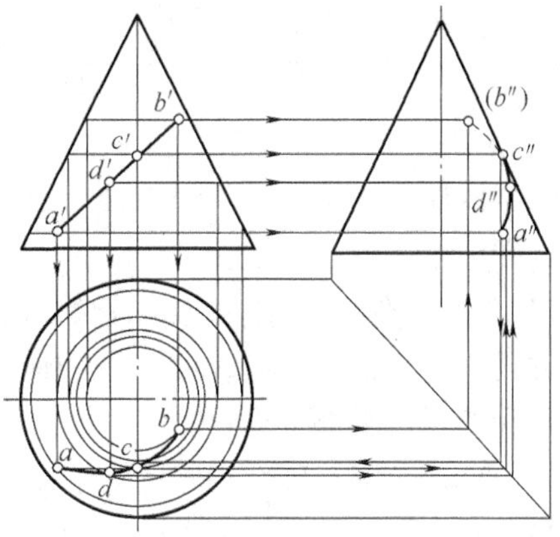

图 5-22　圆锥面上取线

【例 5-9】　如图 5-22 所示，已知圆锥表面上的线段 AB 的正面投影，求其另两面投影。

解：

分析

作圆锥面上线段的投影的方法：求出线段上的端点、轮廓线上的点、分界点等特殊位置的点及适当数量的一般点，并依次连接各点的同面投影。

作图

1）求线段端点 A、B 的投影。利用平行于 H 面的辅助纬圆，求得 a、a''、b、b''。

2）求侧面转向轮廓线上点 c 的投影 c、c''，也可利用从属关系直接求出 c。

2）在线段的正面投影上选取适当的点求其投影，如图 5-22 中 D 点的各投影。

3）判别可见性。由正面投影可知，曲线 BC 位于圆锥右半部分的锥面上，其侧面投影不可见，画成虚线，ac 位于左半锥面上，侧面投影可见，画成实线，水平投影均可见。

说明：点取得越多，图形越准确。

【例 5-10】　如图 5-23 所示，已知球表面上点 A、B、C、D、E 的一个投影，求其另外两投影。

解：

分析

点 B、C、D、E 都在球体的轮廓素线上，根据轮廓素线所对应的三面投影，可直接求出点的另外两个投影。点 A 在球面的一般位置上，可过点 A 作平行于投影面的纬圆，再利

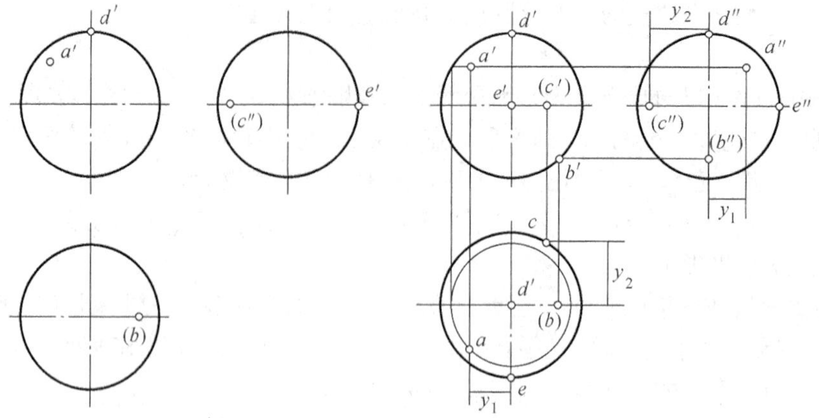

a)　　　　b)

图 5-23　球表面点的投影

a）已知条件　b）作图结果

用点的从属性法求得点 A 的另外两个投影。

作图

1）过点 A 作水平圆，找出圆的半径，求出该圆的三面投影。根据长对正、高平齐和宽相等的投影规律，求出点 A 的水平和侧面投影。由于点 A 在左、上半球上，所以点 A 的正面投影和侧面投影都可见。

2）点 B 在右、下半球面上，所以点 B 的正面投影可见，侧面投影不可见。

3）点 C 在右、后半球面上，所以点 C 的水平投影可见，正面投影不可见。

4）点 D 在球的最高处，所以水平投影和侧面投影都可见。

5）点 E 在球的最前方，所以水平投影和正面投影都可见。

5.3　平面与立体表面交线的投影

平面与立体表面相交，可认为是立体被平面截切，该平面通常称为截平面。截平面与立体表面的交线称为截交线。截交线围成的平面图形称为截断面，如图 5-24 所示。

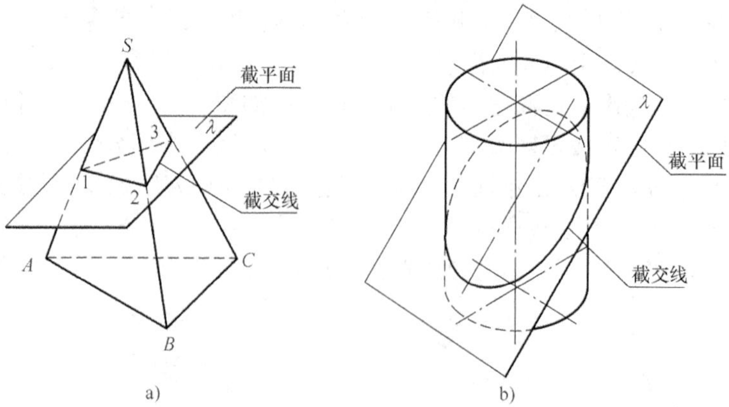

a)　　　　b)

图 5-24　平面与立体表面交线的示意图

a）平面与平面立体表面交线　b）平面与曲面立体表面交线

截交线的基本性质：

1）截交线是截平面与立体表面的共有线，截交线上的点是截平面与立体表面的共有点。

2）截交线一般是封闭的平面图形。

3）截交线形状取决于立体表面的形状和截平面与立体的相对位置。

5.3.1 平面与平面立体表面交线的投影

对于平面立体来说，截断面的每条边是截平面与棱面的交线。求截交线的实质是求两平面的交线。因此，求解平面与平面立体的截交线问题，可归结为：求平面与平面立体各表面的交线（面面相交）的集合，或归结为求平面与平面立体各棱线的交点（线面相交）的集合。

（1）求截交线的两种方法：

1）求各棱线与截平面的交点——线面交点法。

2）求各棱面与截平面的交线——面面交线法。

（2）求截交线的步骤：

1）空间及投影分析。

截平面与体的相对位置（确定截交线的形状）

截平面与投影面的相对位置（确定截交线的投影特性）

2）画出截交线的投影。

① 画出完整立体的投影。

② 求截交线的投影。

③ 整理投影轮廓线，判别可见性。

④ 检查、加深图线，完成全图。

【例 5-11】 如图 5-25 所示，已知斜截正六棱柱的正面投影和水平投影，求其侧面投影。

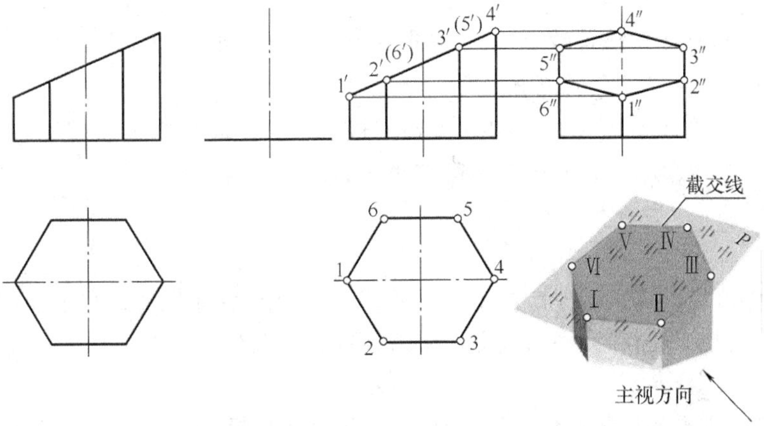

图 5-25 平面与正六棱柱截交线的投影

解：

分析

从已知条件可以得出正六棱柱被一正垂面截切，截交线必然在正六棱柱的侧面上，各顶点必然在侧棱上。

作图

1）根据各截交点的投影特性，可以作出各点的水平投影，全部可见。

2）根据高平齐作出各点的侧面投影，全部可见。

【例 5-12】 如图 5-26 所示，已知三棱锥被一正垂面截切后形体的正面投影，求其另外两个投影。

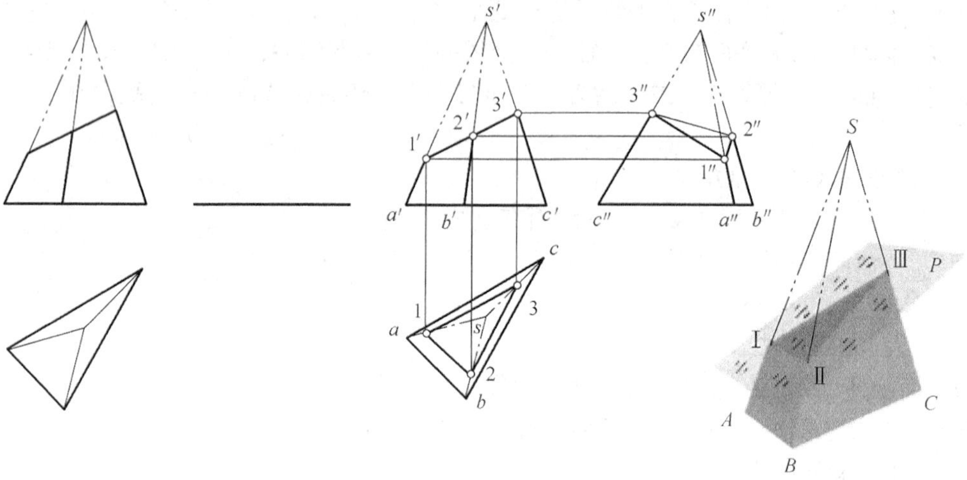

图 5-26 平面与三棱锥交线的投影

解：

分析

从已知条件可以得出三棱锥被一正垂面截切，截交线必然在三棱锥的侧面上，各个顶点必然在侧棱上。

作图

1）根据各截交点的投影特性，可以作出各点的水平投影，全部可见。

2）根据高平齐作出各点的侧面投影，全部可见。

【例 5-13】 如图 5-27 所示，已知正四棱锥被一个正垂面和水平面截切后形体的正面投影，求其另外两个投影。试完成正四棱锥被两平面截切后的投影。

解：

分析

从已知条件可以得出正四棱锥被正垂面所截，截交点共有 5 个，水平面截切正四棱锥，截交点有 5 个，因正垂面和水平面相交，所以共有 8 个截交点。

作图

1）根据各截交点的投影特性，可以作出各点的水平投影全部可见，但是截交线 45 不可见。

2）根据高平齐作出各点的侧面投影，全部可见。

5.3.2 平面与曲面立体表面交线的投影

平面与回转体表面相交，其截交线是封闭的平面图形。截交线是由曲线围成，或者由曲

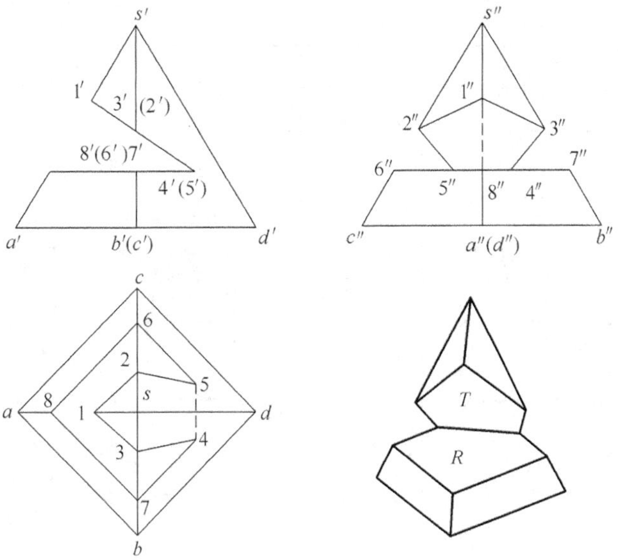

图 5-27　正四棱锥表面截交线的投影

线与直线围成，或者由直线段围成。其截交线是平面与回转立体表面的共有点集合。

求曲面立体截交线的方法与求两平面交线的方法相似，常可利用积聚性或辅助面求解，也可应用投影变换的方法求解。其实质是求其公共点。

求平面与回转体截交线的一般步骤如下：

1. 空间及投影分析　分析回转体的形状以及截平面与回转体轴线的相对位置，以便确定截交线的形状。

分析截平面与投影面的相对位置，明确截交线的投影特性，如积聚性、相似性等。找出截交线的已知投影，判断未知投影。

2. 画出截交线的投影　当截交线的投影为非圆曲线时，其作图步骤为：

1）先找特殊点，补充中间点。

2）光滑连接各点，并判断截交线的可见性。

3. 圆柱上的截交线　平面与圆柱面相交，根据截平面与圆柱轴线相对位置的不同，所得的截交线有三种情况，见表 5-1。

表 5-1　圆柱的截交线

截平面 *P* 的位置	截平面垂直于圆柱轴线	截平面倾斜于圆柱轴线	截平面平行于圆柱轴线
截交线空间形状	圆	椭圆	
	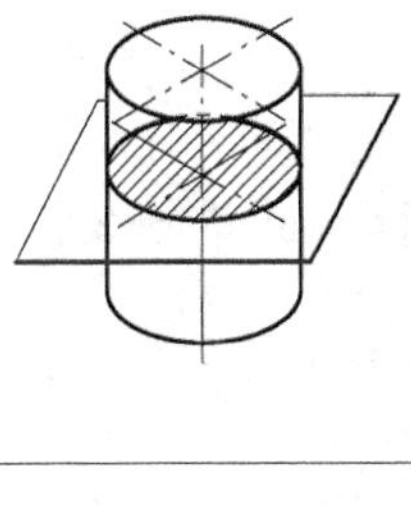	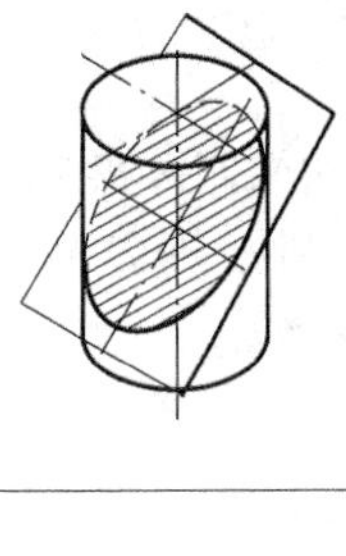	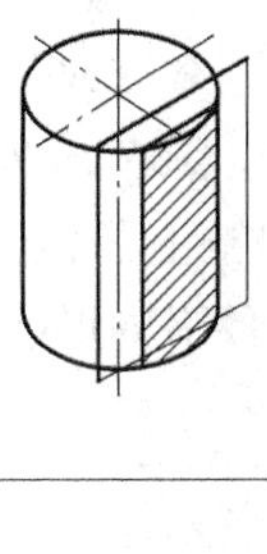

（续）

截平面 P 的位置	截平面垂直于圆柱轴线	截平面倾斜于圆柱轴线	截平面平行于圆柱轴线
投影图	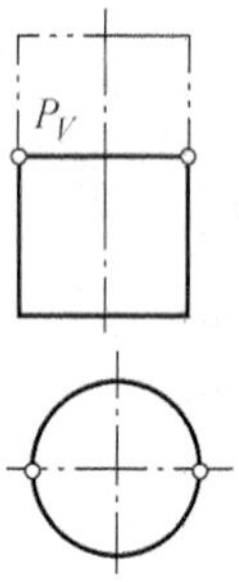	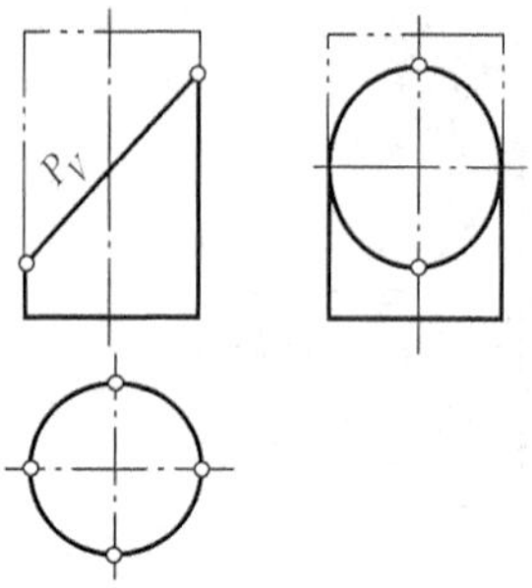	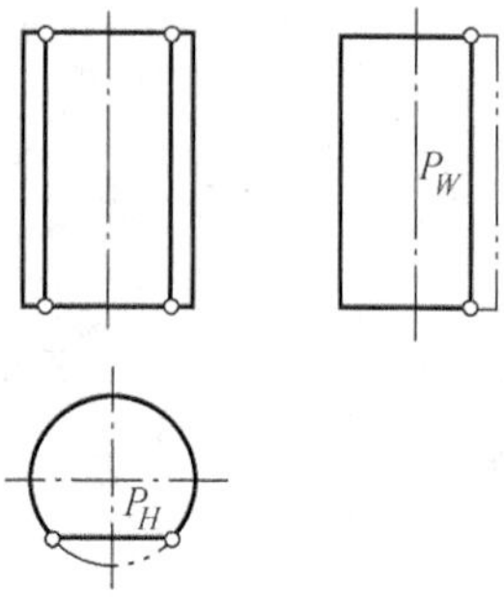

1）当截平面垂直于圆柱的轴线时，截交线是一个圆。

2）当截平面倾斜于圆柱的轴线时，截交线是一个椭圆，此椭圆的短轴平行于圆柱的底圆，长度等于底面圆的直径，长轴与短轴的交点（椭圆中心）在圆柱的轴线上，长度随截平面相对轴线的倾角不同而变化。

3）当截平面经过或平行于圆柱的轴线时，截交线为一个矩形。

【例 5-14】 如图 5-28 所示，求正垂面与圆柱截交线的投影。

解：

分析

从正面投影可以知道，正垂面与圆柱的截交线是一个椭圆，在不同的投影面上截交点的可见性不同。

作图

1）求出特殊位置点 1、2、3、4 的三面投影，并判别可见性。

2）求出中间点 5、6、、8 的三面投影，并判别可见性。

3）将所求点的三面投影依次光滑相连，并判别截交线的可见性。

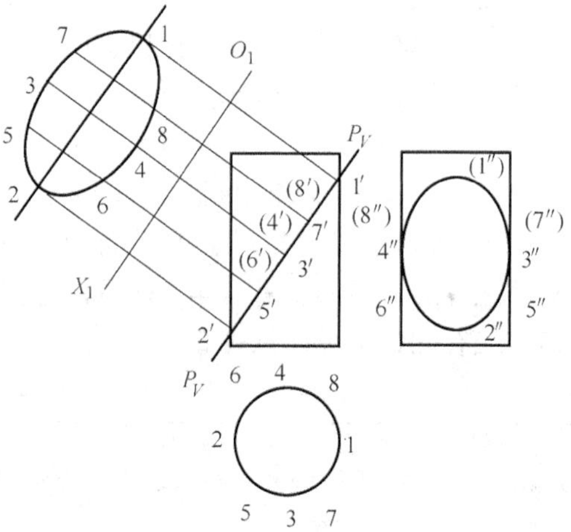

图 5-28　圆柱体截交线的投影

注意：图 5-28 左上角图形为截断面实际形状。

4. 圆锥上的截交线　当平面与圆锥截交时，根据截平面与圆锥轴线相对位置的不同，可产生五种不同形状的截交线，见表 5-2。

表 5-2　圆锥表面上的截交线

截平面 P 位置	截平面垂直于圆锥轴线	截平面与锥面上所有素线相交	截平面平行于圆锥面上一条素线	截平面平行于圆锥面上两条素线	截平面通过锥顶
截交线空间形状	圆	椭圆	抛物线	双曲线	两条素线
	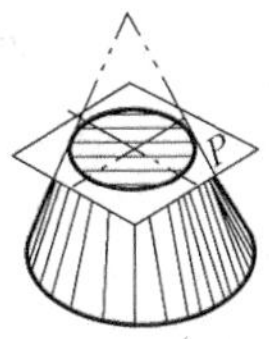	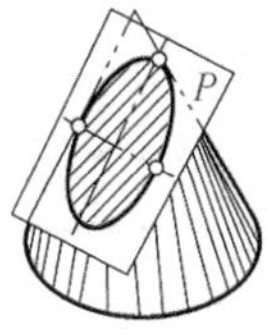	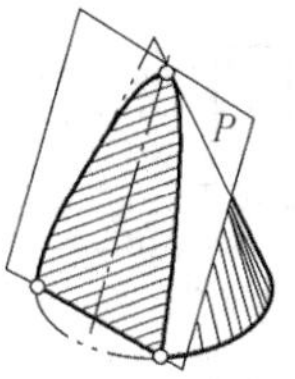	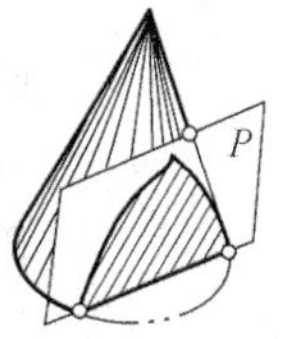	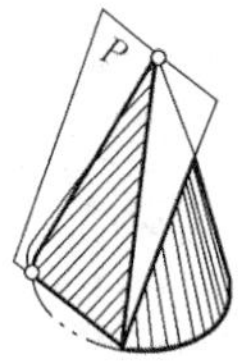
投影图	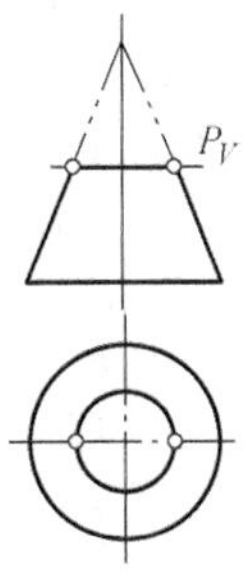	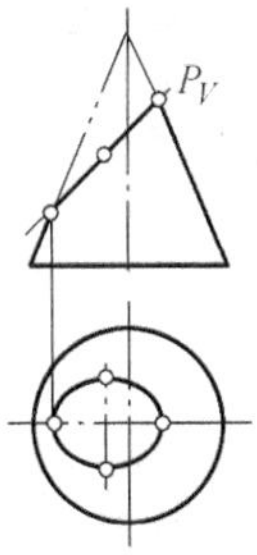	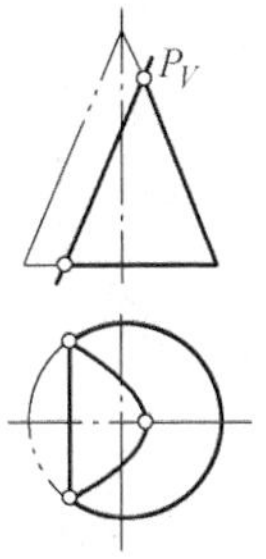	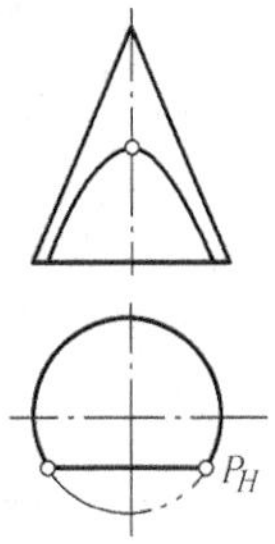	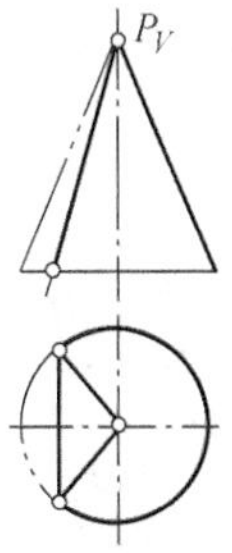

1）当截平面垂直于圆锥的轴线时，截交线必为一个圆。

2）当截平面倾斜于圆锥的轴线，并与所有素线相交时，截交线必为一个椭圆。

3）当截平面倾斜于圆锥的轴线，但与一条素线平行时，截交线为抛物线。

4）当截平面平行于圆锥的轴线，或者倾斜于圆锥的轴线但与两条素线平行时，截交线必为双曲线。

5）当截平面通过圆锥的轴线或锥顶时，截交线必为两条素线。

平面截割圆锥所得的截交线——圆、椭圆、抛物线和双曲线，统称为圆锥曲线。当截平面倾斜于投影面时，椭圆、抛物线、双曲线的投影一般仍为椭圆、抛物线和双曲线，但有变形。圆的投影为椭圆，椭圆的投影亦可能成为圆。

【例 5-15】 如图 5-29 所示，已知圆锥的三面投影和正垂面 P 的投影，求截交线的投影及实形。

解：

分析

1）因截平面 P 是正垂面，P 面与圆锥的轴线倾斜并与所有素线相交，故截交线为椭圆。

2）P_V 面与圆锥最左、最右素线的交点为椭圆长轴的端点 A、B，即椭圆长轴平行于 V 面，椭圆短轴 CD 垂直于 V 面，且平分 AB。

3）截交线的 V 面投影重合在 P_V 上，H 面投影、W 面投影仍为椭圆，椭圆的长、短轴仍投影为椭圆投影的长、短轴。

作图

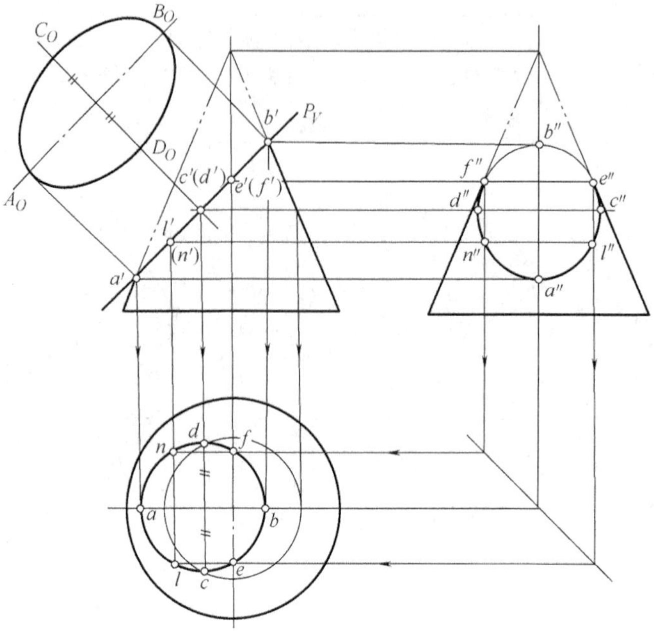

图 5-29　正垂面与圆锥的截交线

1）求长轴端点。在 V 面上，P_V 与圆锥的投影轮廓线的交点为长轴端点 A、B 的 V 面投影 a'、b'；A、B 的 H 面投影 a、b 在水平中心线上，ab 就是投影椭圆的长轴。

2）求短轴端点。椭圆短轴 CD 的投影 c'（d'）必积聚在 $a'b'$的中点；过 c'（d'）作纬圆求出水平投影 c、d，之后求出 c'、d'。

3）求最前、最后素线与 P 面的交点 E、F。在 P_V 与圆锥正面投影的轴线交点处得 e'、（f'），向右得到椭圆侧面投影可见与不可见的分界点 e''、f''，向下向左得到 e、f。

4）求一般点 L、N。先在 V 面定出点 l'（n'），再用纬圆法求 l、n，并进一步求出 l''、n''。

5）连接各点并判别可见性。在 H 面投影中依次连接 a、n、d、f、b、e、c、l、a 各点，即得椭圆的 H 面投影；同理得出椭圆的形面投影，其中 f''、b''、e''三点用虚线连接。

6）求截面的实形。

【例 5-16】 如图 5-30 所示，给出圆柱切割体的正面投影和水平投影，补画出侧面投影。

解：

分析

1）根据截平面的数量、截平面与轴线的相对位置，确定截交线的形状。切割后的圆柱可以看作被两个平面所截的结果：一是正垂面与轴线倾斜，其截交线为椭圆的一部分；二是侧平面与轴线平行，其截交线为两条素线。

2）根据截平面与投影面的相对位置，确定截交线的投影。

截平面是正垂面，截交线的正面投影积聚为直线，W 面投影为椭圆，H 面投影为圆；截平面是侧平面，截交线的侧面投影为两条素线，正面投影重合为一条直线，H 面投影积聚成两点。

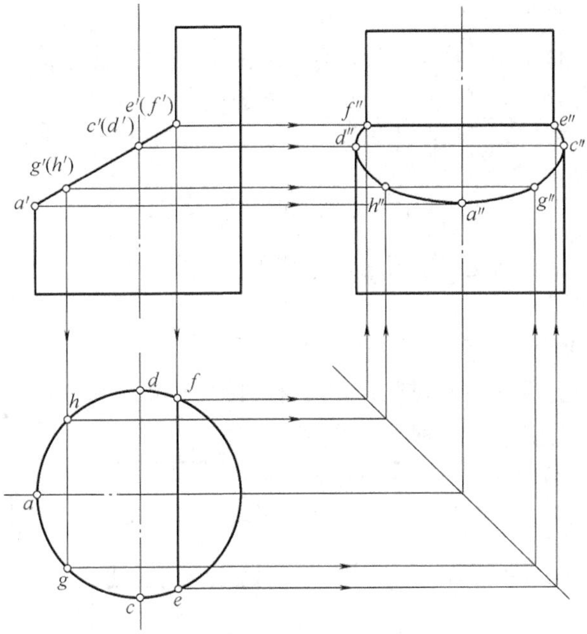

图 5-30　带切口的圆柱体的投影

作图

1）求特殊点。根据截平面和圆柱体的积聚性，截交线的正面投影、水平投影为已知，只需求出截交线的侧面投影。其中 *A* 点是椭圆短轴的一个端点；*C* 点、*D* 点是椭圆长轴的两个端点，它们在各轮廓线上；*E* 点、*F* 点是素线和椭圆的连接点，利用水平投影求出侧面投影。

2）求一般点。*G* 点、*H* 点是一般点，用素线法求出其水平投影，进一步求出侧面投影。判别可见性并连点。所有投影均可见，如图 5-30 所示。

5.4　立体相贯线的投影

5.4.1　相关线的基本知识

1. 相贯线的基本概念　两个立体相交称为相贯。相交的两立体所产生的表面交线称为相贯线。

当一立体全部贯穿另一立体时称为全贯，当贯入又贯出时，在立体表面具有两条相贯线。当两立体各有一部分参与相贯时称为互贯（或半贯），此时在立体表面上只有一条相贯线。

相贯线的主要性质：

（1）共有性：相贯线是两立体表面的共有线。

（2）分界性：相贯线是两立体表面的分界线。

（3）封闭性：相贯线一般是由直线、曲线构成的封闭的空间折线或空间曲线，特殊情况下为平面曲线或平面多边形。

求作相贯线的方法一般有积聚投影法、辅助平面法、纬圆法、素线法等。

2. 相贯线作法举例

求作相贯线的步骤如下：

1）分析相交的两立体是半贯还是全贯，有几条相贯线，以及构成每一条相贯线的段数等。

2）求每个立体中参与相贯的棱线与另一立体的相贯点。

3）逐一连接既位于某一立体的同一棱面上，又同时位于另一个立体的同一棱面上的两个点。

4）判断可见性：只有当相交的两平面的投影都可见时，交线的投影才可见；只要其中有一个平面的投影不可见，则交线的投影就不可见。

5）补全立体本身的轮廓线。

5.4.2 两平面立体相贯线的投影

两个平面立体的相贯线是一系列直线的组合，因此，求两个平面立体的相贯线就是求两个平面立体表面上交点的连线并判别其可见性。

【例 5-17】 如图 5-31 所示，求作高低房屋相交的表面交线。

解：

分析

高低房屋相交，可看成两个五棱柱相贯，由于两个五棱柱各有一棱面（相当于地面）在同一平面上，所以相贯线是不封闭的空间折线。两个五棱柱中的一个五棱柱的棱面都垂直于侧面，另一个五棱柱的棱面都垂直于正面，所以交线的正面、侧面投影为已知，根据正面、侧面投影求作交线的水平投影。

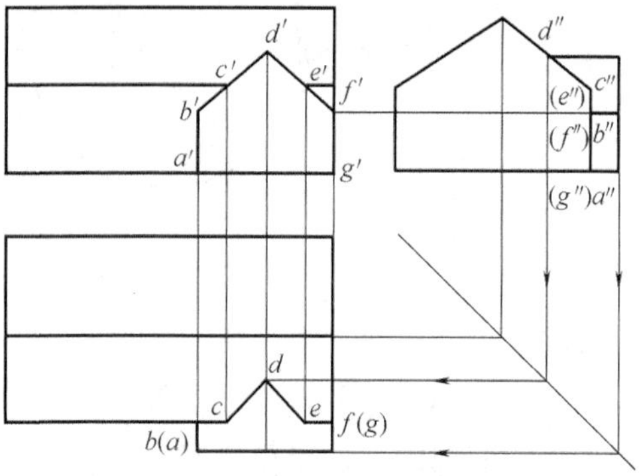

图 5-31　高低房屋的表面交线

作图

作图结果如图 5-31 所示。

【例 5-18】 求四棱柱与三棱锥的相贯线（图 5-32）。

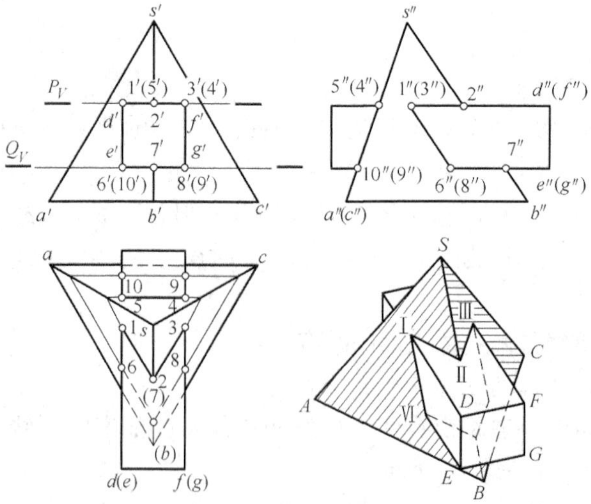

图 5-32　四棱柱与三棱锥的相贯线

解:

分析

该组形体属于全贯。

作图

作图结果如图 5-32 所示。

5.4.3 平面立体与曲面立体的相贯线

平面立体与曲面立体相交，其交线是由几段平面曲线组成的空间曲线。当相贯线为曲线时，这段曲线就要求作出其上的特殊点和一般点。所谓特殊点，就是最前点、最后点、最左点、最右点、最高点、最低点、可见与不可见的分界点、轮廓线上的点等。

【例 5-19】 如图 5-33 所示，求三棱锥与半球的相贯线。

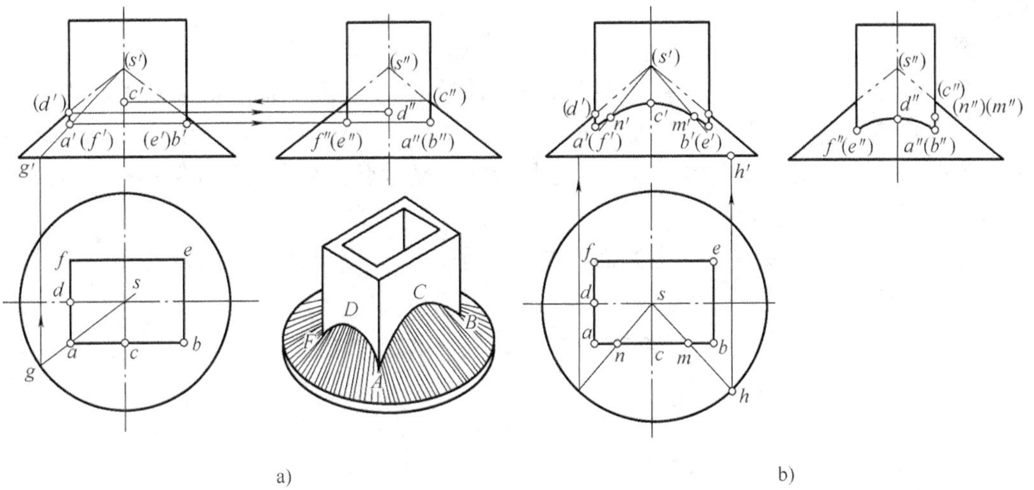

图 5-33 圆锥形薄壳基础的表面交线

a）求特殊点 b）求一般点

解:

分析

该组形体属于互贯。如图 5-33 所示，圆锥形薄壳基础可看成由四棱柱和圆锥相交。四棱柱的 4 个棱面平行于圆锥轴线，它们与圆锥表面的交线为 4 段双曲线。4 段双曲线的连接点就是四棱柱 4 条棱线与锥面的交点。由于四棱柱的 4 个棱面是铅垂面，所以交线的水平投影与四棱柱的水平投影重合。

作图

1. 求特殊点 如图 5-33a 所示，先求四棱柱 4 条棱线与锥面的交点 A、B、E、F。可由已知的四个点的水平投影如 a、b，用素线法求得 a'、b'和 a''、b''。再求出四棱柱前棱面和左棱面与锥面交线（双曲线）的最高点 C、D，可由 C 点的侧面投影 c''求得 c 和 c'，再由 D 点的正面投影 d'求得 d 和 d''。

2. 求一般点 如图 5-33b 所示，同样用素线法求得对称的一般点 M、N 的正面投影。

3. 连线 分别在正面和侧面投影中，将求得的各点 a'、n'、c'、m'和 f''、d''、a''依次连接，完成作图，如图 5-33b 所示。

5.4.4　两曲面立体的相贯线

两曲面立体表面的相贯线，一般是空间曲线，特殊情况下可能是平面曲线或直线。相贯线上的每一个点都是两形体表面的共有点。因此，求作两曲面立体的相贯线时，通常是先求出一系列共有点，然后依次光滑连接相邻各点。

【例 5-20】 如图 5-34 所示，试求两圆柱的相贯线。

解：

分析

如图 5-34 所示，两个大小不同的轴线垂直相交的圆柱体相贯，相贯线为封闭的空间曲线。由于直立小圆柱的水平投影有积聚性，水平大圆柱的侧面投影有积聚性，所以相贯线的水平投影与小圆周重合，侧面投影与大圆柱（部分）重合。因此，需要求作的仅是相贯线正面投影。

作图

1. 求特殊点　水平圆柱的最高素线与直立圆柱的最左、最右素线的交点是相贯线上的最高点，也是最左点、最右点，三面投影都可以直接作出。直立圆柱的最前、最后素线与水平圆柱表面的交点是相贯线上的最低点，也是最前、最后点，水平投影和侧面投影都可以直接作出，然后求出正面投影。

2. 求一般点　利用积聚性，在侧面投影和水平投影上定出两个一般位置点，最后光滑连接各点即为相贯线的正面投影。

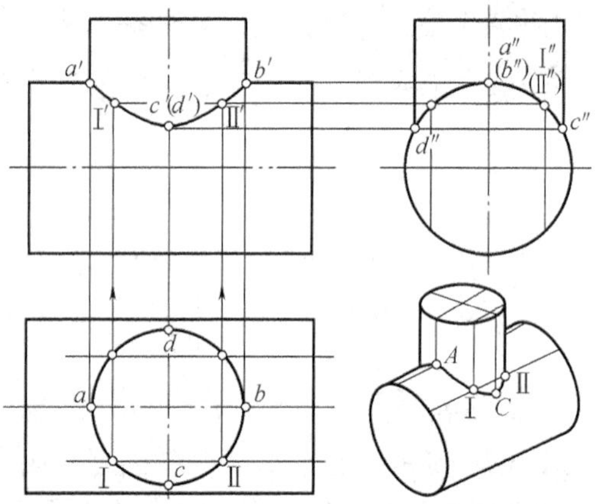

图 5-34　不等直径圆柱正交

第 6 章　组合体的投影

6.1　组合体的形成

从形体构成的角度来看，建筑工程上任何复杂的工程构件都可以看成是由一系列基本几何体组合而成。这种由两个或两个以上基本体按一定方式组合而成的立体，称为组合体。根据组合体构成方式的不同，组合体可分为叠加型、切割型、相贯型和综合型四大类。叠加型组合体是由若干基本几何体叠加而成，如图 6-1a 所示，切割型组合体是由基本几何体切割去某些形体而成，如图 6-1b 所示，相贯型组合体是由若干个基本几何体相交而成，如图 6-1c所示，综合型组合体是既有叠加又有切割或相交的组合体，如图 6-1d 所示。

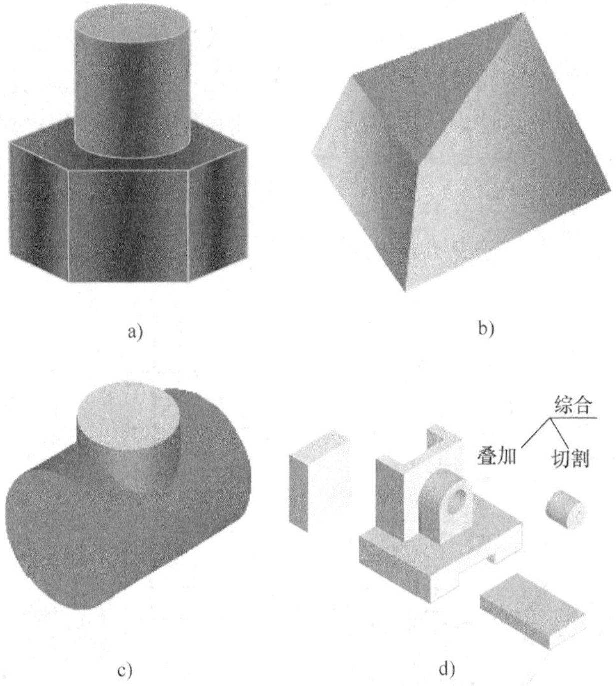

图 6-1　组合体的组成方式

a）叠加型组合体　b）切割型组合体　c）相贯型组合体　d）综合型组合体

不论是由哪一种形式组成的组合体，作它们的投影图时，都必须正确表示各基本形体之间的表面连接。如图 6-2 所示，其投影可归纳为以下四种情况：

1）两形体的表面相交时，两表面投影之间应画出交线的投影。

2）两形体的表面共面时，两表面投影之间不应画线。

3）两形体的表面相切时，由于光滑过渡，两表面投影之间不应画线。

4）两形体的表面不共面时，两表面投影之间应该有线分开。

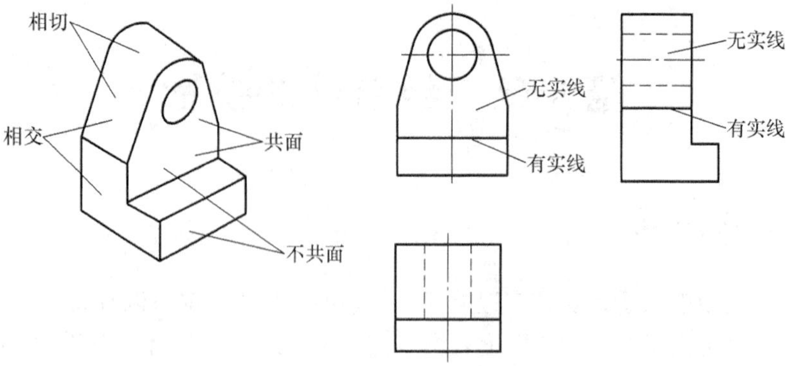

图 6-2　形体之间的表面连接关系

6.2　组合体三面投影图的绘制

6.2.1　组合体的三面投影和三视图

通过前面的学习可知，基本几何体在 H、V 及 W 投影面上的投影统称为三面投影，分别称为水平投影、正面投影及侧面投影。在建筑工程制图中，通常把建筑形体或组合体在投影面上的投影称为视图，即把建筑形体或组合体的三面投影图称为三面视图，简称三视图。

为了区分三个视图，通常将形体的水平投影、正面投影、侧面投影分别称为平面图、正立面图、左侧立面图，如图 6-3 所示。平面图反映了形体的前后、左右方位关系及长和宽；正立面图反映了形体的上下、左右方位关系及长和高；左侧立面图反映了形体的上下、前后方位关系及高和宽。

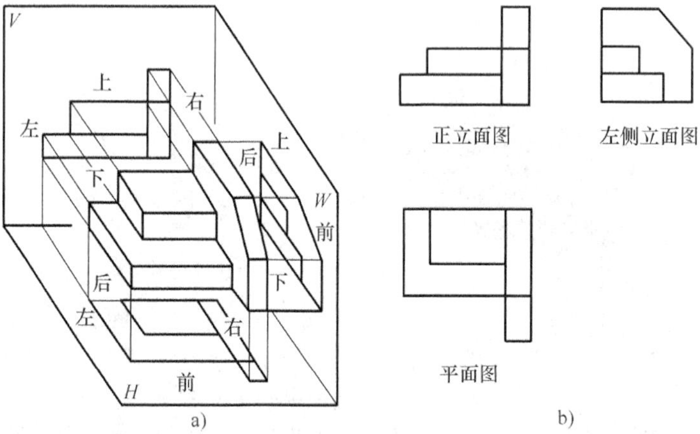

图 6-3　三视图

用正投影法所绘制的组合体视图仍然符合投影图中的“三等关系”，即正立面图与平面图“长对正”，正立面图与左侧立面图“高平齐”，平面图与左侧立面图“宽相等”。

6.2.2　组合体三面投影图的画法

画组合体投影图的基本方法是形体分析法。实际上，不管多复杂的形体都可以看成是基本形体，如棱柱、棱锥、圆柱、圆锥等经切割或叠加组合而成的。因此，在解决组合体的画图、读图和尺寸标注问题时，可将复杂的组合体分解成一些简单的基本体，从而可将解决组合体的画图、读图和尺寸标注问题转化成解决各个简单基本体的相应问题。这样就可以化繁为简、化难为易了。这种分解形体的分析方法称为形体分析法。

1. 画图步骤及要领

1）对组合体进行形体分解——分块。

2）弄清各部分的形状及相对位置关系。

3）按照各块的主次和相对位置关系，逐个画出它们的投影。

4）分析及正确表示各部分形体之间的表面过渡关系。

5）检查、加深。

2. 组合体投影图绘图示例

（1）肋式杯形基础

1）形体分析　如图 6-4 所示，肋式杯形基础的形体可以看成由四棱柱底板、中间四棱柱（其中挖去一个楔形块）和 6 块梯形肋板叠加组成。四棱柱在底板中央，前后各肋板的左、右外侧面与中间四棱柱的左、右侧面共面，左、右两块肋板在四棱柱左、右侧面的中央，如图 6-4b 所示。

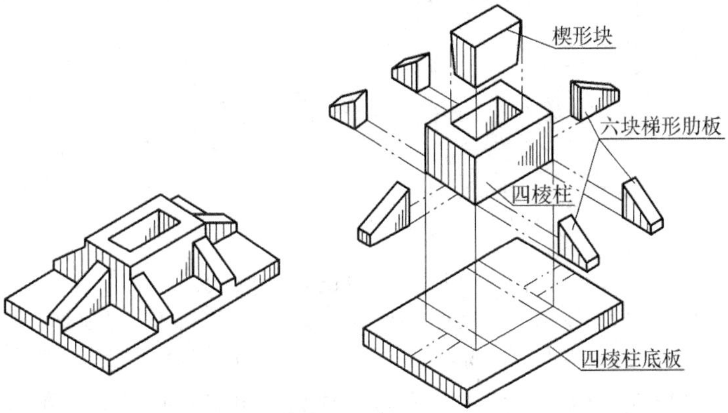

a)　　　b)

图 6-4　肋式杯形基础

a）直观图　b）形体分析

2）选择视图　视图选择包括两个方面：一是选择视图数量，二是选择正面投射方向。

在保证表达完整、清晰的前提下，建筑物及其构配件的投影图一个确定的原则是：用最少数量的投影把形体表达完整、清楚。肋式杯形基础由于前后肋板的侧面形状要在 W 面投影中反映，因此需要画出 V、H、W 三个投影面。

正面图应能较多地反映物体各组成部分的形状特征和相互位置关系。根据杯形基础在房屋中的位置判断出形体应平放，使 H 面平行于底板底面，V 面平行于形体的正面。

3）绘制底稿

① 根据形体大小和注写尺寸所占的位置，选择适宜的图幅和比例。

② 布置三视图。先画出图框和标题栏线框，明确图纸上可以画图的范围，然后大致安排 3 个投影的位置，使每个视图在注完尺寸后，与图框的距离大致相等。

③ 按形体分析法，逐个画出各基本体的三视图。画图的顺序一般是先画主要部分，后

画次要部分。画各基本体的投影时，应从形状特征明显的视图入手，3 个视图配合着画。如图 6-5 所示，按此原则依次画出四棱柱底板、中间四棱柱、6 块梯形肋板和楔形杯口的三面投影。在 *V* 面、*W* 面的投影中杯口是看不见的，应画成虚线。

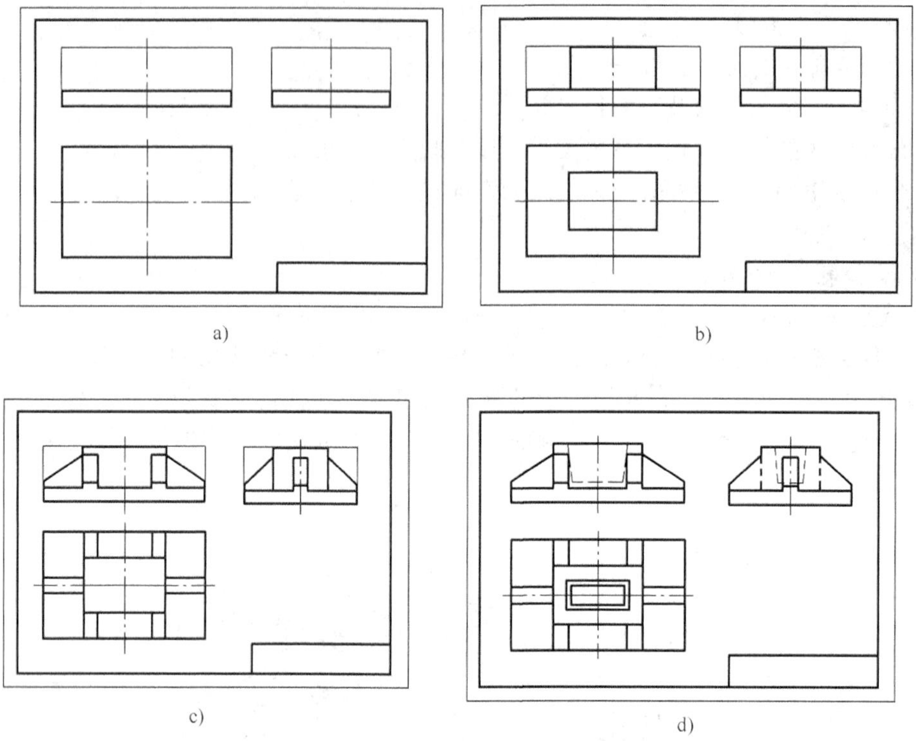

图 6-5　肋式杯形基础的作图步骤

a）布图、画四棱柱底板　b）画中间四棱柱　c）画六块梯形肋板　d）画楔形杯口

必须注意，建筑物和构配件的形体实际上是一个不可分割的整体，形体分析仅仅是一种假想的分析方法。如果建筑形体中两基本形体的侧面处于同一平面上，就不应该在它们之间画一条分界线。例如左边肋板的左侧面与底板的左侧面，前左肋板的左侧面与中间四棱柱的左侧面，都处在同一个平面上，它们之间都不应画交线。

④　检查、加深图线。检查无误之后，按各类线宽要求，用较软的 B 芯铅笔进行加深。

⑤　标注尺寸。标注方法和步骤详见下文“6. 3 立体的尺寸标注”所述。

⑥　完成全图。最后填写标题栏内各项内容，完成全图。

所画的投影图，要求投影关系正确，尺寸标注齐全，布置均匀合理，图面清洁整齐，线型粗细分明，字体端正无误，符合“国标”规定。

（2）某挡土墙

1）形体分析　图 6-6a 所示为一个挡土墙的立体示意图。该结构是一个组合体，其形体分析如图 6-6b 所示，支撑板是一个三棱柱，底板由两个四棱柱叠加而成，立墙是一个四棱柱体，底板由矩形板切割而成。

2）选择视图

①　确定形体的放置位置和正面投射方向。视图随着形体放置和正面投射方向的不同而改变。一般情况下，形体应按照自然位置放置，与正面投射方向的确定相结合。一旦正面投

射方向确定了，其他投影图的方向也就相应地确定了。其原则是使形体各组成部分的实形及相互间关系的特征尽量多地在主视图中显示出来，并尽量减少各视图中的虚线，同时考虑合理地使用图纸。图6-6中选择*A*向为正面投射方向。

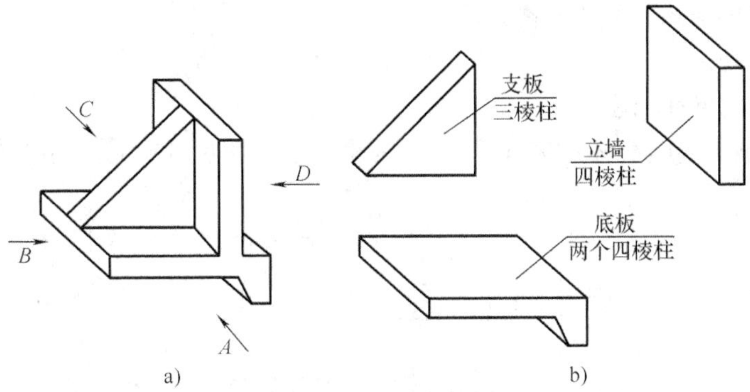

图6-6　形体分析

②　确定视图数量。确定视图数量的原则是：在保证能完整、清晰地表达出形体各部分形状和位置的情况下，视图的数量应尽量少。

③　画出视图（见图6-7）。

第一步：根据形体的大小选择适当的比例和图幅。

第二步：布置视图。先画出图框和标题栏，确定图纸的绘制范围，然后安排投影图的位置，重点是布置好投影图的作图基准线，使整张图纸的布局完整而均衡。

第三步：打底稿。根据形体分析，按照先整体后局部、先大后小、先里后外的顺序画出各形体的三面投影。注意形体分析是一种假想的分析方法，而形体是一个完整的、不可分割的整体。

第四步：检查视图，加深图线。检查底稿，确定无误后擦去多余的图线，按照规定的线型加深图线。

第五步：标注尺寸、填写文字、标题栏，完成全图。

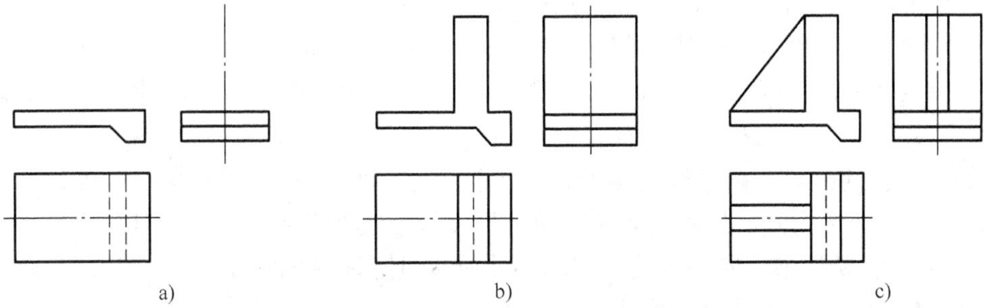

图6-7　组合体投影图的绘制

6.3　立体的尺寸标注

组合体视图表示了形体的形状，尺寸标注则表示了形体的大小，二者结合在一起才是读图的依据。

尺寸标注的基本要求：

1）在图上所标的尺寸要完整，不能有遗漏。

2）要准确无误且符合制图标准的规定。

3）尺寸布置要清晰，便于读图。

4）标注要合理。

6.3.1 基本立体的尺寸标注

基本几何体是构成组合体的基本元素，熟悉基本体的尺寸标注是组合体尺寸标注的基础，如图6-8所示。

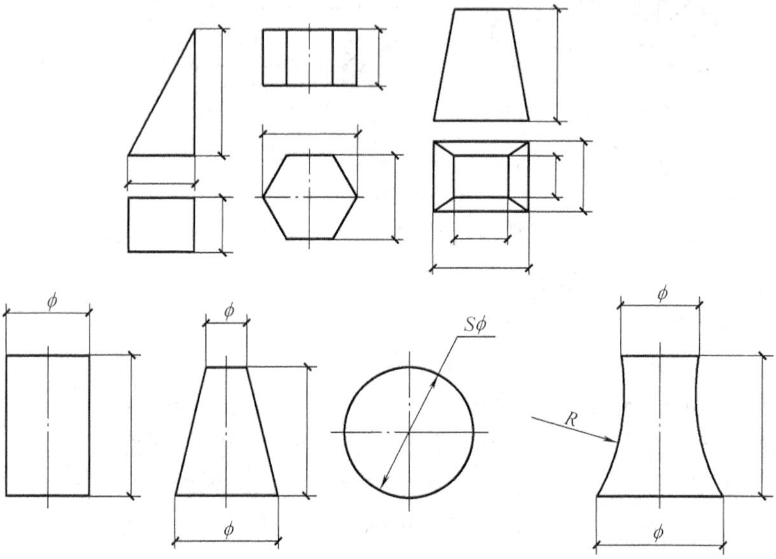

图6-8 基本体的尺寸标注

6.3.2 组合立体的尺寸标注

1. 尺寸的种类

（1）定形尺寸。确定组合体中基本几何形体大小的尺寸。

（2）定位尺寸。确定组合体中基本几何形体之间相对位置的尺寸。

（3）总尺寸。确定组合体的总长、总宽和总高的尺寸，组合体总尺寸反映了形体的尺寸。

2. 尺寸标注的原则　在工程图样上，除了把上述三种尺寸标注齐全、正确外，还要考虑尺寸的配置，使之完整、清晰、合理，符合国家标准且便于阅读。其标注的主要原则有：

1）尺寸标注要集中。同一个几何体的尺寸应尽量标注在同一个投影图上；与两个投影图有关的共有尺寸，应尽量标注在两个图形之间。

2）尺寸标注要明显。尺寸应尽量标注在最能反映组合体形体特征的图上，尽量避免在虚线上标注尺寸。

3）尺寸标注要整齐、清晰。在标注同一方向的几排直线尺寸时，要做到间隔均匀以及由小到大向外排列，以免尺寸线与尺寸界线相交。尺寸尽可能标注在图形之外。为了避免尺寸界线过长或与过多地图线相交，在不影响图形清晰的情况下，有某些细部尺寸也可以标注在图形内部。

4）尺寸一般不重复。同一尺寸一般只标注一次。

5）标注定位尺寸时，应该在长、宽、高三个方向分别选定尺寸基准。通常以组合体底面、大端面、对称面、回转体轴线等作为尺寸基准。

3. 尺寸标注的步骤

（1）进行形体分析　如图 6-9a 所示，形体由底板、立板和支撑板三部分组成，在底板和立板上分别有六个相同直径的圆孔。

（2）标注定形尺寸　标注每个基本体的定形尺寸，如图 6-9b 所示。

（3）标注定位尺寸　要先选择一个或几个标注尺寸的基准点。长度方向一般应选择左侧或右侧为基准点；宽度方向可选择前侧面或后侧面为基准点；高度方向一般以下底面为基准点。若物体是对称的，还可以以对称线为基准点标注，如图 6-9c 所示的立板、底板中的小圆孔的定位尺寸。

（4）标注总尺寸　如图 6-9d 所示，长度 330mm、宽度 100mm、高度 200mm 即为总尺寸。此处底板的定形尺寸与形体的总尺寸相同，只标注一次，不要重复。

（5）检查全图，完成尺寸标注。

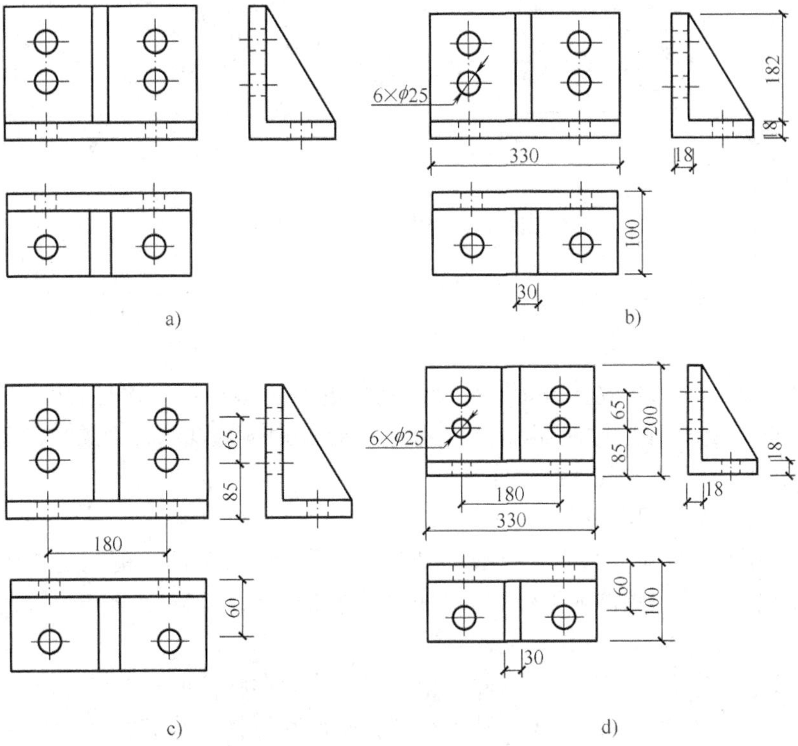

图 6-9　形体的尺寸标注

a）形体分析　b）标注基本体的定形尺寸　c）标注各个基本体之间的定位尺寸

d）标注总尺寸，完成尺寸标注

【例 6-1】　试标注图 6-10 所示组合体的尺寸。

解：

分析　利用形体分析法将组合体进行拆解，然后进行定形尺寸、定位尺寸和总尺寸的标注。

作图

1）标注各基本体的定形尺寸和定位尺寸。

2）标注总尺寸。

注意，组合体尺寸分类仅仅是为了尺寸标注完整。因为有些尺寸既为定形尺寸，又是定位尺寸或总尺寸，所以实际上并不标注尺寸类型。

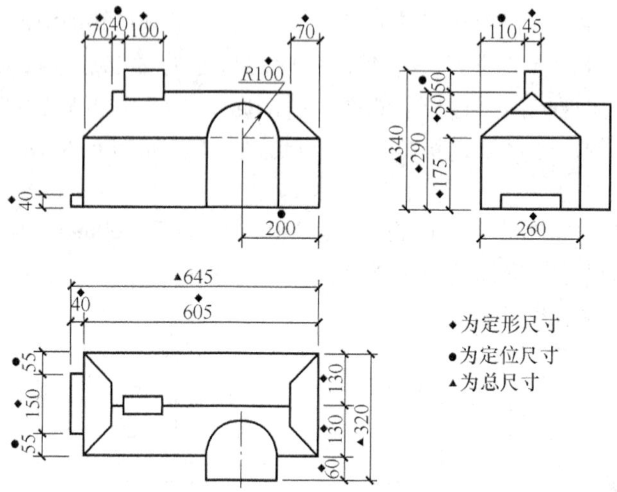

图 6-10　组合体的尺寸标注

6.4　组合体投影图的识读

投影图的识读就是根据物体投影图想象出物体的空间形状，也就是看图、读图、识图。画图是由物到图，读图则是由图到物。要能正确、迅速地读懂视图，必须掌握读图的基本知识和正确的识图方法，而且要反复地实践。

6.4.1　投影图的读图知识准备

1）将几个投影图联系起来看。一般情况下，只看一个投影图不能确定物体的形状；有时两个投影图也不能确定物体的形状；只有将几个视图联系起来看，才能弄清楚物体的形状特征。

2）基本技能。掌握基本几何体、较简单的组合体的形状特征和投影特征。

3）读图时应先从特征视图入手。特征视图就是反映形体的形状特征和位置特征最多的视图。抓住特征视图，就能快速地对形体有整体认识，提高读图速度。

4）明确投影图中封闭线框和图线的含义。

投影图中的一个封闭线框可能有下述几种含义：

① 表示一个平面或曲面。

② 表示一个相切的组合面。

③ 表示一个孔洞。

投影图上的一条线段可能表示：

① 物体上一个具有积聚性的平面或曲面。

② 表示两个面的交线。

③ 表示曲面的轮廓素线。

6.4.2 读图的基本方法及基本步骤

1. 读图的基本方法　读图的基本方法主要是形体分析法和线面分析法。

（1）形体分析法　所谓形体分析法，就是通过对物体几个投影图的对比，先找到特征视图，然后按照视图中的每一个封闭线框都代表一个简单基本形体投影的道理，将特征视图分解成若干个封闭线框，按“三等关系”找出每一线框所对应的其他投影，并想象出形状。然后再把它们拼装起来，去掉多余的部分，最终构思出该物体的整体形状。

（2）线面分析法　形体分析法是将基本体作为读图的基本单元，线面分析法将组成体的几何元素（主要是平面）作为读图的基本单元，通过分析组成体各平面的位置和形状来想象组合体的形状。由于平面在视图上一般反映为图线或线框，所以线面分析法是根据视图上的图线及线框，找出它们的对应投影，从而分析出形体上相应线面的形状和位置。

形体分析法和线面分析法是相互联系、不能截然分开的。对于比较复杂的形体，可先进行形体分析获得形体的大致形状，对不确定的地方进行线面分析，最终确定该部分的形状，弥补形体分析的不足，即以形体分析为主，结合线面分析，综合想象出组合体的全貌。

2. 读图的基本步骤　组合体的读图具体分四步进行：

1）看视图，分析形体，抓住特征分析形体。以主视图为主配合其他视图，进行初步的投影分析和空间分析，找出反映物体形状特征较多的那个视图，在较短的时间里对物体有个大概的了解，在了解的基础上将组合体视图分解成基本线框。

2）根据规律找投影。利用三视图的“长对正，高平齐、宽相等”的关系，找出每一部分基本线框所对应的三个投影。

3）对照投影，辨明位置和连接关系想象形状。根据找出的每一部分基本线框的三个投影，利用基本体的投影特性，想象出它各部分的形状。

4）综合起来分析，想象整体形状。在看懂每部分形体的基础上，进一步分析它们之间的组合方式（表面连接关系和过渡关系）和相对位置关系，从而想象出整体的形状。

6.4.3 形体的读图练习

【例 6-2】 识读图 6-11 所示组合体投影图。

解：

（1）分析投影图，抓住特征　正立面图较多地反映了形体特征，因此将该图分成Ⅰ、Ⅱ、Ⅲ、Ⅳ、Ⅴ五个封闭线框。

（2）对投影想形状　利用形体分析法，从线框Ⅰ的正立面出发，找到另外两个视图的对应投影，对照其三面投影，可以看出这是四棱柱底板。同理，可以判断出线框Ⅱ和线框Ⅴ各为半圆柱体。线框Ⅲ是一个前后为斜面的四棱柱，如图 6-11d 所示。

线框Ⅳ的侧面投影前后各为虚线的四边形，说明是凹进去的，水平投影是前后两个矩形，利用线面分析法可知线框Ⅳ表示在线框Ⅲ这个四棱柱的前面和后面各挖掉一个四棱柱，如图 6-11e 所示。

（3）综合起来想象整体　根据各基本形体在组合体中的位置，结合线面分析，即可想象出该组合体的整体形状如图 6-11f 所示。

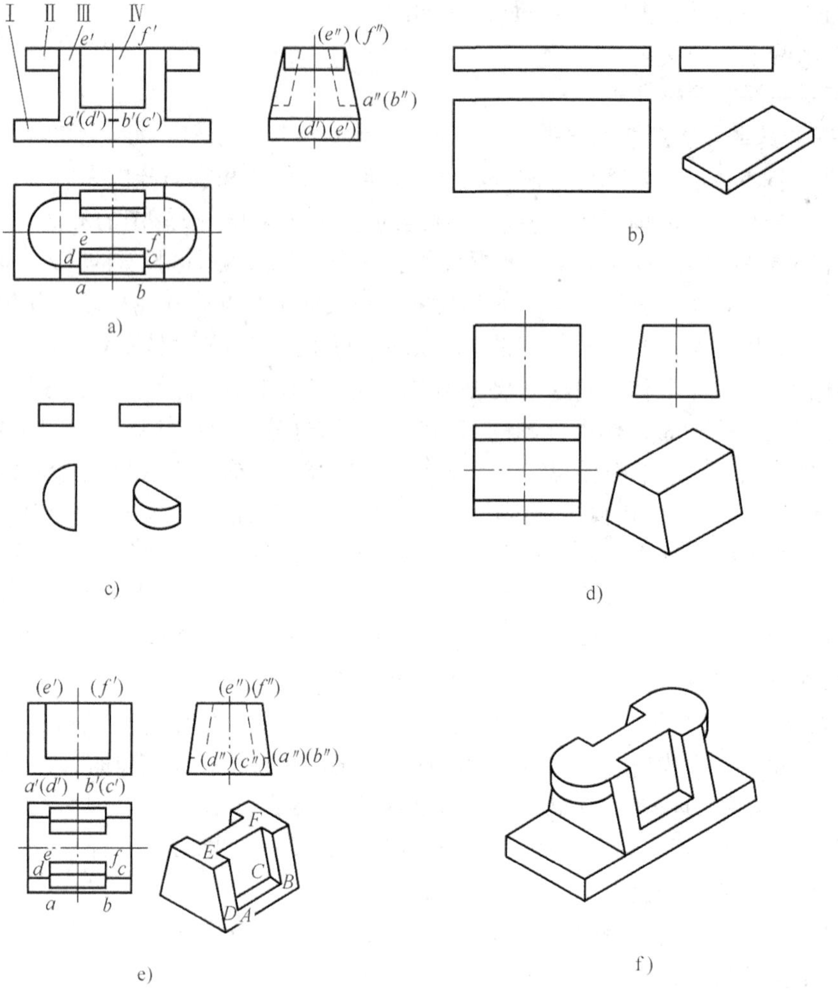

图 6-11　组合体投影图的识读

a）三视图分线框　b）线框Ⅰ——四棱柱底板　c）线框Ⅱ——半圆柱　d）线框Ⅲ——四棱柱

e）线框Ⅳ——挖掉两块四棱柱　f）综合想象整体形状

【例 6-3】 补画图 6-12a 所示组合体的侧面投影。

解：

分析

根据所给组合体的正面投影图和水平投影图的投影对应关系，可以看出该组合体是由上、中、下三部分组成。它的下部为一上方下圆的直板，上面穿一通孔；中部为两个半圆柱，紧贴在上部底面中间，其端面分别与上部端面平齐，与下部端面相接；上部原始形状是一个长方体，中央左高右低切去一三角块，前后左低右高各切去一三角块，形状如图 6-12b 所示。

根据以上分析，逐个画出组成组合体的上、中、下三部分简单形体的投影图，先画上面部分，再画下面部分，最后画出中间部分。将投影图与分析想象出来的组合体的空间形状进行对照，注意其表面连接关系，处理好虚线、实线和各线段的起止，经检查无误，将结果加深，如图 6-12d 所示。

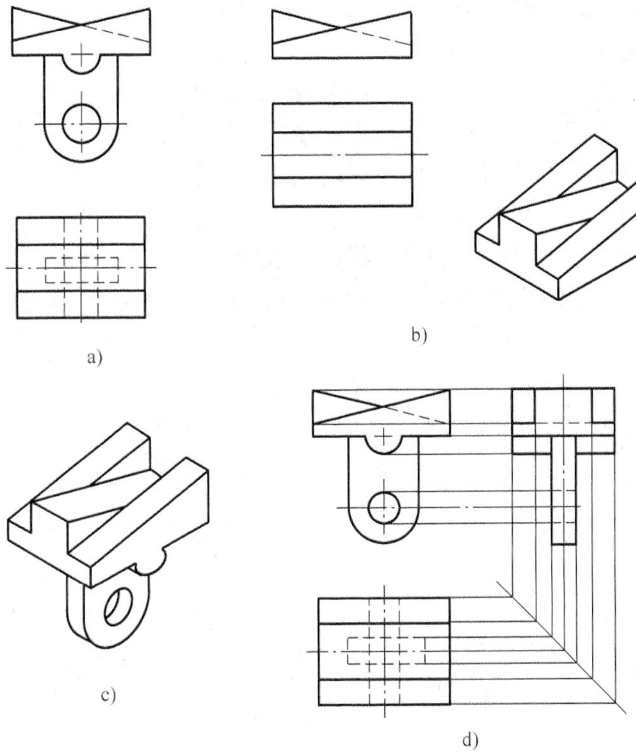

图 6-12　补画组合体的侧面投影

a）投影图　b）上部投影及形状　c）整体形状　d）两补三

【例 6-4】 识读组合体投影图，如图 6-13 所示。

解：

分析

根据三个视图可以看出此挡土墙大致形状是在长方体的作前方切去一块。因为斜面较多，具体形状需用线面分析法进行分析。

在正视图上有 1′、2′两个梯形线框，现在找出线框 1′的另外两个投影。这里线框代表的是平面，它的另外两投影要么是直线，要么是类似形。因为在俯视图中不存在满足投影规律的类似形，所以线框 1′的水平投影应是水平直线。由此可判定 Ⅰ 面是正平面。侧面投影是竖直线。再看 Ⅱ 面。先找 Ⅱ 面的水平投影，按照“长对正”可以找出满足投影规律的类似形，说明 2 是平面 Ⅱ 的水平投影。下面找平面 Ⅱ 的侧面投影，按照“宽相等”可找出与 2′对应的侧面投影，是一条直线，平面 Ⅱ 的侧面投影是一条直线，说明平面 Ⅱ 是侧垂面。

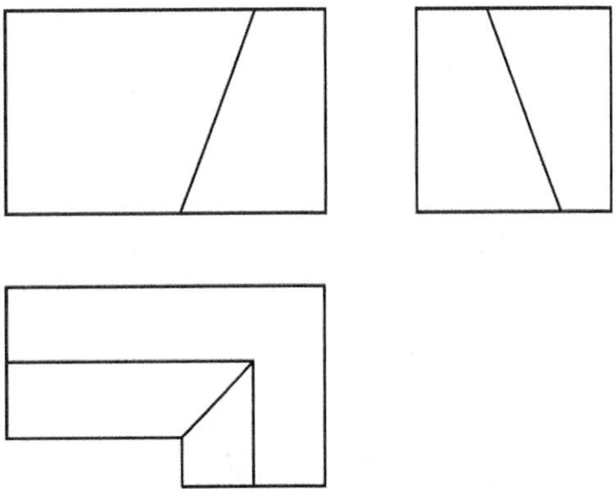

图 6-13　组合体投影图的识读

下面再看俯视图中的线框 3。先找出与 3 对应的正面投影，按照“长对正”可知其正面投影是一条倾斜直线，由此可断定平面Ⅲ是正垂面，侧面投影应是类似形，按照“宽相等”可找出。

再看俯视图中的线框 4，找一下与它对应的正面投影和侧面投影。由于正视图中没有类似形，所以与它对应的正面投影应是直线，由于水平投影可见，所以一定对应上面的水平直线，因此可以断定平面Ⅳ是水平面，侧面投影也是水平直线。

现在只有左视图中的线框 5″没有分析了。首先按照“宽相等”找出水平投影 5，由于没有类似形，所以它的侧面投影只能是竖直直线，这说明平面Ⅴ是侧平面。

通过以上的分析可知挡土墙的形状是一个长方体被一个正垂面和侧垂面切去一块而成的，如图 6-14 所示。

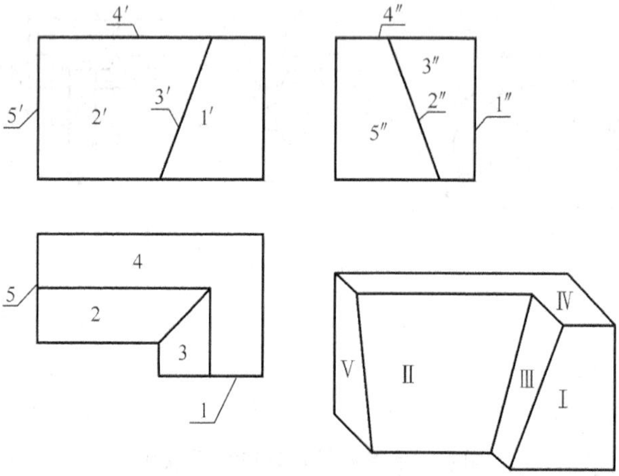

图 6-14　组合体投影图的识读

第 7 章　建筑形体的表达方式

建筑形体的形状和结构是多种多样的，要想把它们表达得既完整、清晰，又便于画图和读图，前面介绍的三面投影图难以满足要求。《房屋建筑制图统一标准》（GB/T 50001—2010）规定了一系列的图样表达方法，以供制图时根据形体的具体情况选用。本章将介绍国家标准规定的投影图、剖面图、断面图的画法和一些简化画法，以及如何应用这些方法表达各种形体。

7.1　形体的视图

7.1.1　六个基本视图

用正投影法绘制出的形体图形称为正投影图，亦称为视图。对于形状简单的物体，一般用三面投影，即三个视图就可以表述清楚。但房屋建筑形体的形状多样，有些复杂形体的形状仅用三面投影难以表达清楚，此时就需要四个、五个甚至更多的视图才能完整表达其形状结构。如图 7-1b 所示的房屋形体，可由不同方向投射，从而得到如图 7-1a 所示的六个基本视图，即六面投影图。

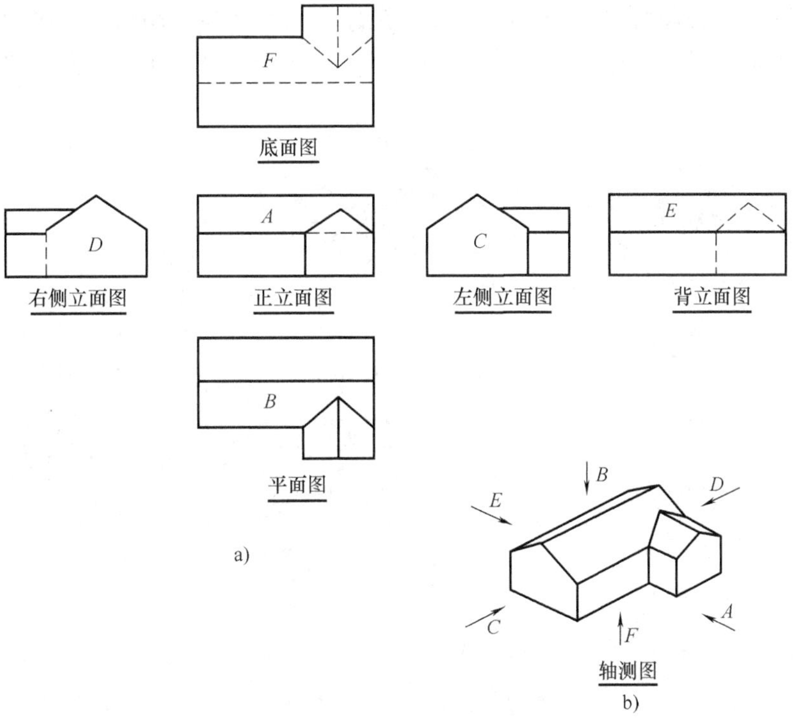

图 7-1　六面投影图

a）六面投影图　b）直观图

六个基本视图的名称分别是：

1）正立面图——自前向后（*A* 向）投射所得的视图。

2）平面图——自上向下（*B* 向）投射所得的视图。

3）左侧立面图——自左向右（*C* 向）投射所得的视图。

4）右侧立面图——自右向左（*D* 向）投射所得的视图。

5）背立面图——自后向前（*E* 向）投射所得的视图。

6）底面图——自下向上（*F* 向）投射所得的视图。

一般情况下，如果六面投影图画在一张图纸上，并且按图 7-1a 所示的位置排列时，可不标注各投影图的名称。如果一张图纸内画不下所有投影图时，可以把各投影图分别画在几张图纸上，但应在投影图下方标注图名。图名宜标注在图样的下方或一侧，并在图名下绘一条粗实线，其长度应与图名所占长度相同。

国标中规定了六个基本视图，不等于每一个建筑形体都要用六个基本投影图来表示，而应在完整、清晰表达的前提下，视图越少越好。

7.1.2 辅助视图（镜像视图）

镜像视图如图 7-2 所示，有些工程构造，如板梁柱构造节点（图 7-2a），因为板在上面，梁、柱在下面，在从上向下投影得到的平面图中，因梁、柱为不可见，要用虚线绘制，这样给读图和尺寸标注带来不便。如果把 *H* 面当作一个镜面，在镜面中就能得到梁、柱为可见的反射图像，这种投影称为镜像投影法（属于正投影法）。镜像投影是形体在镜面中的反射图形的正投影，该镜面应平行于相应的投影面。

用镜像投影法绘图时，应在图名后加注“镜像”二字（图 7-2b），必要时可画出镜像投影画法的识别标志（图 7-2c）。镜像投影图在室内设计中常用来表现吊顶的平面布置。

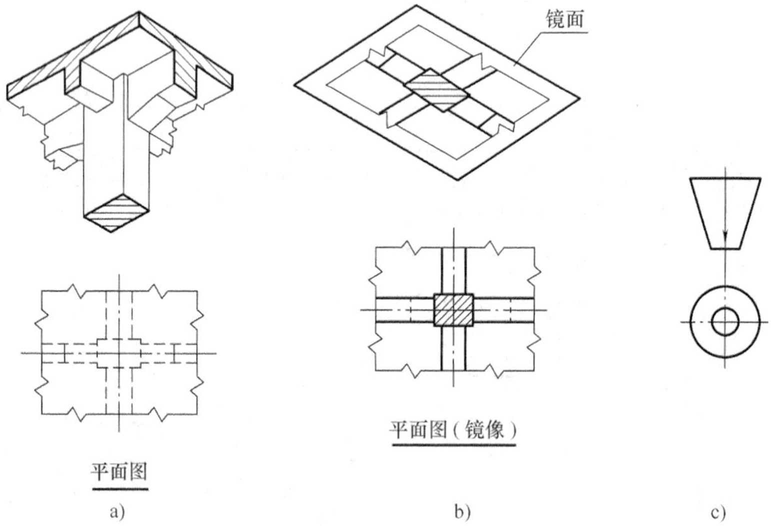

图 7-2　镜像投影图

a）直观图　b）镜像投影图　c）识别标志

7.2 剖面图

7.2.1 剖面图的形成

合理选用前面介绍的各种视图，可以把物体的外部形状和大小表达清楚，至于物体的内部构造，在视图中用虚线表示。对于内部形状或构造比较复杂的形体，势必在投影图上出现较多的虚线，使得实线与虚线相互交错而混淆不清，不利于读图和标注尺寸。为了解决这一问题，工程上常采用剖切的办法，即假想用剖切面在形体的适当部位将形体剖开，移去剖切面与观察者之间的部分，而将剩余的部分向投影面投射，使原来不可见的内部结构成为可见，这样得到的投影图称为剖面图，简称剖面。

图 7-3a 所示为水槽的三面投影图，其三个投影均出现了多条虚线，图样不清晰。假想用一个通过水槽排水孔轴线，且平行于 *V* 面的剖切面 *P* 将水槽剖开，移走前半部分，将剩余的部分向 *V* 面投影，然后在水槽的断面内画上通用材料图例（如需指明材料，则画上具体材料图例），即得水槽正视方向的剖面图（图 7-3b）。这时水槽的槽壁厚度、槽深、排水孔大小等均被表达得很清楚，又便于标注尺寸。由于水槽下的支座在两个剖面图中已表达清楚，故在平面图中省去了表达支座的虚线。图 7-3c 所示为水槽的剖面图。

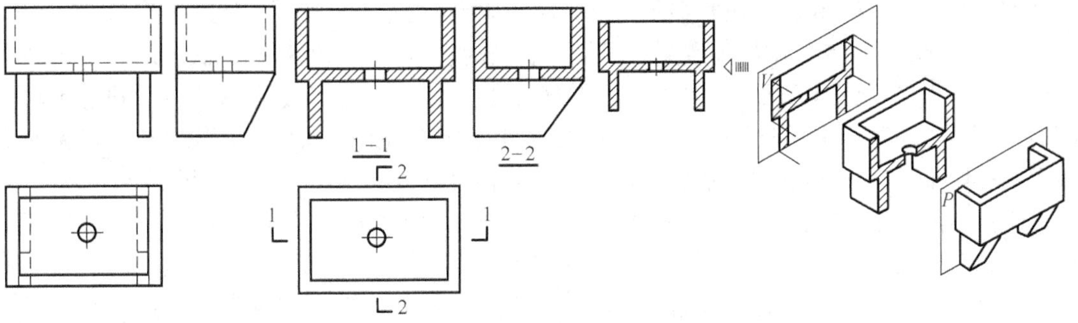

a) b) c)

图 7-3 水槽的剖面图

a）视图 b）剖面图 c）正视方向剖面图形成

7.2.2 剖面图剖切符号、编号和材料图例

1. 剖切符号 剖面图剖切符号应由剖切位置线及剖视方向线组成，二者均应以粗实线绘制。

（1）剖切位置 一般把剖切平面设置成垂直于某个基本投影面的位置，则剖切平面在该基本投影面上的视图中积聚成一直线，这一直线就表明了剖切平面的位置，称为剖切位置线，简称剖切线。剖切线用断开的两段粗实线表示，长度宜为 6 ~ 10mm，剖切线应注意不与图面上的图线相交或重合。

（2）剖视方向 剖视方向线应垂直于剖切线，在剖切线两端的同侧各画一段与它垂直的短粗实线，称为剖视方向线，简称视向线。视向线长度宜为 4 ~ 6mm，表示观看方向为朝向这一侧。

2. 编号 剖面剖切符号的编号通常都采用阿拉伯数字，并应注写在视向线的端部，并均应水平书写。在剖面图的下方应注写出与其编号对应的图名。需要转折的剖切线，应在转角的外侧加注与该符号相同的编号。

3. 材料图例　按国家制图标准规定，画剖面图时在断面部分应画上物体的材料图例，常用建筑材料的图例可参阅第1章制图基本规格中的有关内容。不注明材料种类时，则可用等间距、同方向的45°细线（称为图例线）来表示。

画材料图例时，应注意以下几点：

1）图例线应间隔匀称，疏密适度，做到图例正确、表示清楚。

2）同类材料不同品种在使用同一图例时（如混凝土、砖、石材、木料、金属等），应在图上附加必要的说明。

3）两个相同的图例相接时，图例线宜错开或倾斜方向相反。

4）对于图中狭窄的断面，画出材料图例有困难时，则可以涂黑表示。两个相邻的涂黑图例间，应留有空隙，其宽度不得小于0.7mm。

5）面积过大的建筑材料图例，可在断面轮廓线内，沿轮廓线局部表示，当一张纸内的图样，只用一种建筑材料时，或因图形小而无法画出图例时，可不画材料图例，但应加文字说明。

7.2.3　剖面图的分类

1. 全剖面图　用一个平行于基本投影面的剖切平面，将形体全部剖开后画出的图形称为全剖面图。全剖面图适用于外形简单、内部结构复杂的形体。

图7-4所示为一座房屋的表达方案图。为了表达它的内部布置情况，假想用一个稍高于窗台位置的水平剖切面将房屋全部剖切开，移去剖切面及以上部分，将以下部分投射到水平面上，可得到房屋的水平全剖面图。这种剖面图在建筑施工图中称为平面图。由于房屋的剖面图都是用小于1∶50的比例绘制的，因此按国家标准的规定一律不画材料图例。

全剖面图一般应标注出剖切位置线、投射方向线和剖面编号，如图7-4所示。但当剖切位置经过对称面时，也可以省略标注。

2. 半剖面图　当形体具有对称平面时，在垂直于该对称平面的投影面上投射所得到的图形，可以以对称中心线为界，一半画成剖面图，另一半画成外形视图，这样组合而成的图形称为半剖面图。半剖面图适用于内外结构都需要表达的对称形体。

图7-5所示的形体左右、前后均对称，如果采用全剖面图，则不能充分地表达外形，故用半剖面图的表达方法，保留一半外形，再配上半个剖面图表达内部构造。半剖面图一般不再画虚线，但如有孔、洞，仍需将孔、洞的轴线画出。在半剖面图中，规定以形体的对称中心线作为剖面图与外形视图的分界线。当对称中心线为铅垂线时，习惯上要将剖面图画在中心线右侧：当对称中心线为水平线时，剖面图画在中心线下方。半剖面图的标注方法与全剖面图的标注方法相同。

3. 局部剖面图　将形体局部地剖开后投影所得的图形称为局部剖面图。局部剖面图适用于内外结构都需要表达，且又不具备对称条件或仅局部需要剖切的形体。

在局部剖面图中，外形与剖面以及剖面部分相互之间应以波浪线分隔。波浪线只能画在形体的实体部分上，且既不能超出轮廓线，也不能与图上其他图线重合。局部剖面图一般不需要标注。

图7-6所示为杯形基础的局部剖面图。该图在平面图中保留了基础的大部分外形，仅将一个角画成剖面图，以表达基础内部钢筋的配筋情况。从图中还可看出，正立剖面图为全剖

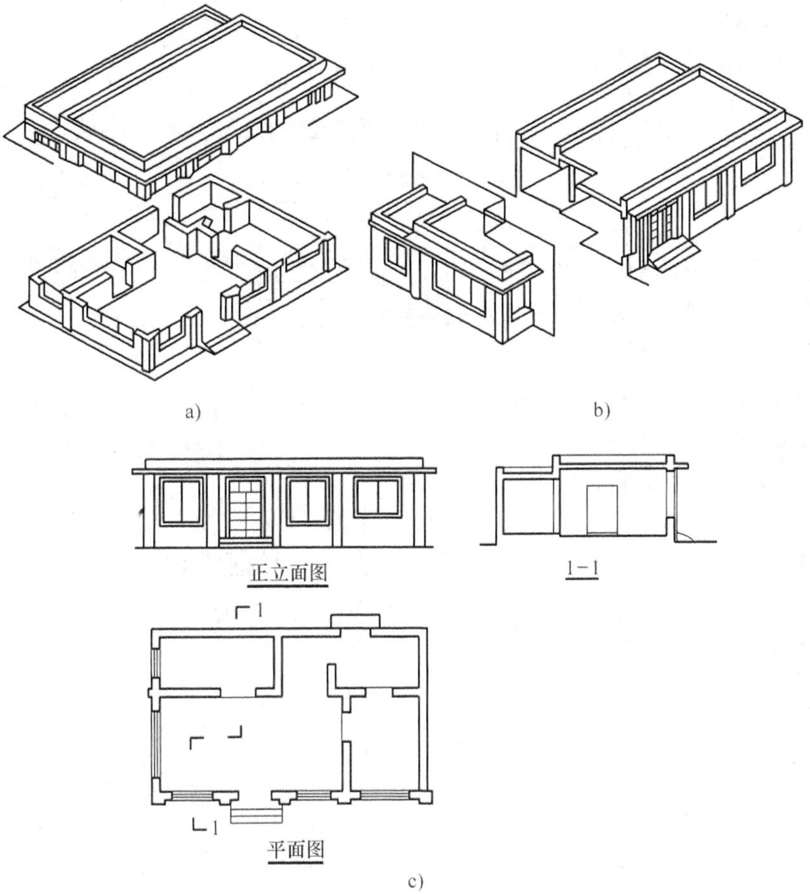

图 7-4　房屋的表达方案图

a）水平剖切　b）纵向剖切　c）表达方案

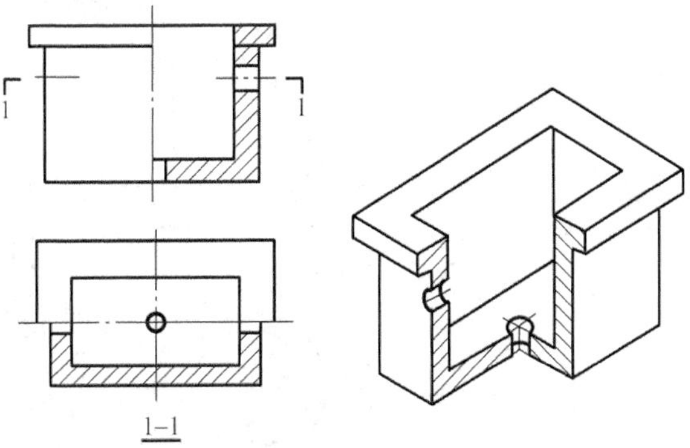

图 7-5　对称形体的半剖面图

面图，按《建筑结构制图标准》（GB/T 50105—2010）的规定，在断面上已画出钢筋的布置时，就不必再画钢筋混凝土的材料图例。画钢筋布置的规定是：平行于投影面的钢筋用粗实线画出实形，垂直于投影面的钢筋用小黑圆点画出它们的断面。

建筑物结构层的多层构造可用一组平行的剖切面按构造层次逐层局部剖开，这种方法常用来表达房屋的地面、墙面、屋面等处的构造。分层局部剖面图应按层次以波浪线将各层隔开，波浪线不应与任何图线重合。图 7-7 所示为用分层局部剖面图表达的多层构造。

4. 阶梯剖面图　用两个或两个以上平行的剖切面将形体剖切后投影得到剖面图称为阶梯剖面图。当形体内部需要剖切的部位不处在剖面图所在投影面的同一个平行面上时，即用一个剖切面无法全部剖到时，可采用阶梯剖切的方法。阶梯剖面图必须标注剖切位置线、投射方向线和剖切编号。

由于剖切是假想的，在作阶梯剖面图时不应画出两剖切面转折处的交线，并且要避免剖切面在图形轮廓线上转折。

5. 旋转剖面图　采用两个或两个以上相交的剖切面将形体剖开，并将倾斜于投影面的断面及其所关联部分的形体绕剖切面的交线（投影面垂直线）旋转至与投影面平行后，再进行投射，所得到的投影图称为旋转剖面图，如图7-8中的剖面2-2所示。旋转剖面图适用于内外主要结构具有理想的回转轴线的形体，而轴线恰好又是两剖切面的交线，且两剖切面一个应是剖面图所在投影面的平行面，另一个是投影面的垂直面。

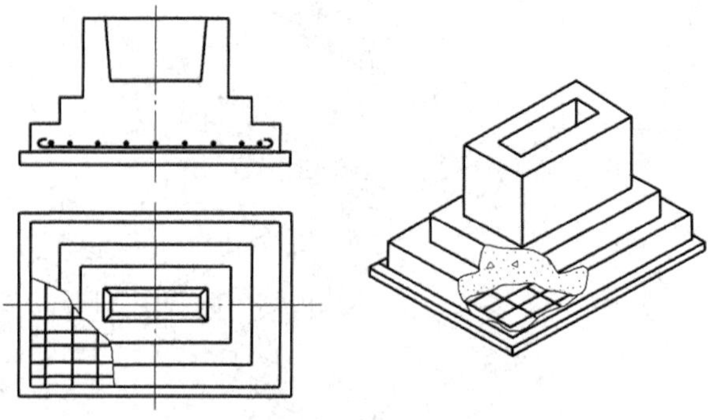

a)　b)

图7-6　杯形基础的局部剖面图

a）表达方案　b）直观图

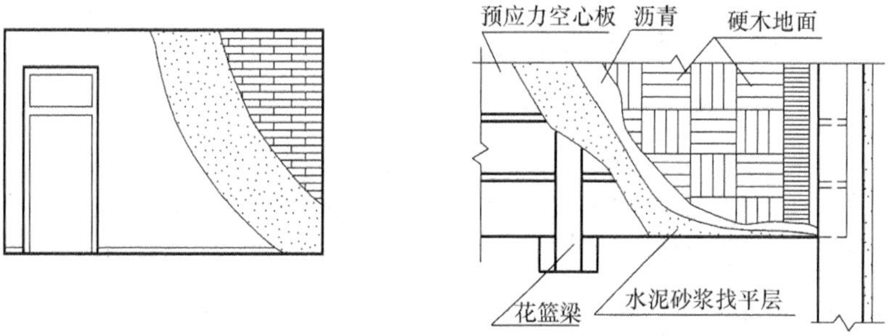

a)　b)

图7-7　多层构造的分层局部剖面图

a）墙面　b）楼面

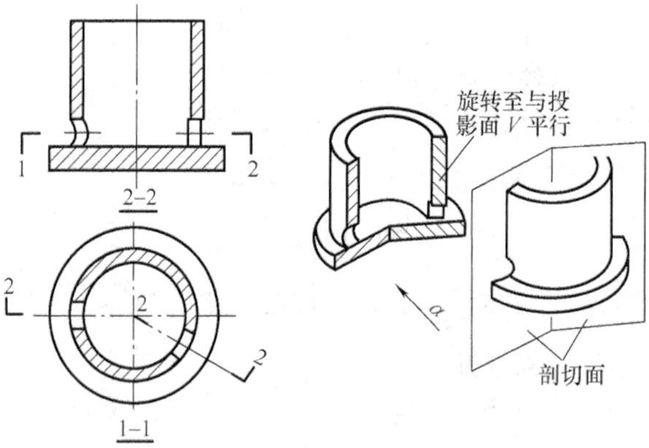

a)　b)

图7-8　旋转剖面图

a）表达方案　b）直观图

7.3 断面图

7.3.1 断面图的形成

断面图是用一个假想剖切平面将形体的某部分切断，仅画出该剖切面与物体接触部分的图形。断面图可简称为断面，常用来表示物体的局部断面形状。

7.3.2 断面图的标注

1. 剖切符号 断面图中剖切符号由剖切位置线表示，用粗实线绘制，长度约 6 ~ 10mm。

2. 剖切符号编号 剖切符号编号与剖面图相同。

3. 断面图的标注

1）在剖切平面的迹线上标注剖切位置线。

2）在剖切位置线一侧注写剖切符号编号，编号所在一侧表示该断面剖切后的投射方向。

3）在断面图下方标注断面图名称，如“×-×”：并在图名下绘一横粗实线，其长度以图名所占长度为准。

4）断面图一般会画上图例或材料图例，其方法同剖面图。

4. 断面图与剖面图的区别（图 7-9）

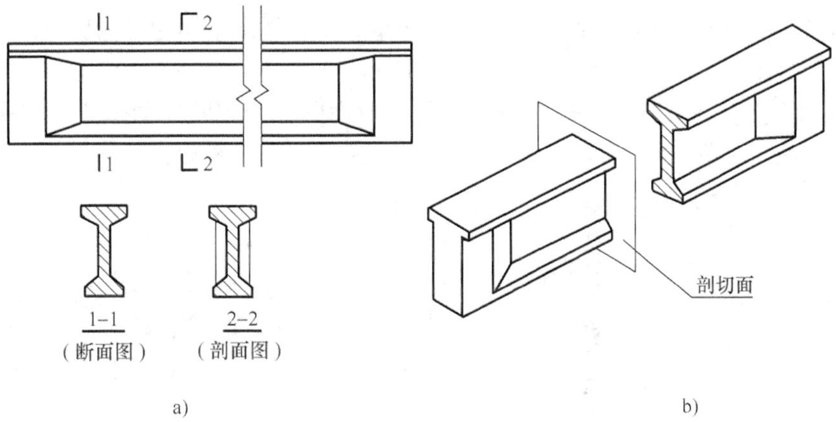

图 7-9 断面图

a）表达方案 b）直观图

1）在画法上，断面图只画出物体被剖开后截面的投影，而剖面图除了要画出截面的投影，还要画出剖切面后物体剩余部分的投影。

2）在不省略标注的情况下，断面图只需标注剖切位置线，用编号所在一侧表示投射方向，而剖面图用投射方向线表示投射方向。

7.3.3 断面图的种类

根据断面图布置位置的不同，断面图可分为移出断面图、重合断面图和中断断面图三种。

1. 移出断面图 布置在形体视图之外的断面图称为移出断面图。移出断面图的轮廓线应用粗实线绘制，配置在剖切平面的延长线上或其他适当的位置，如图 7-10 所示。

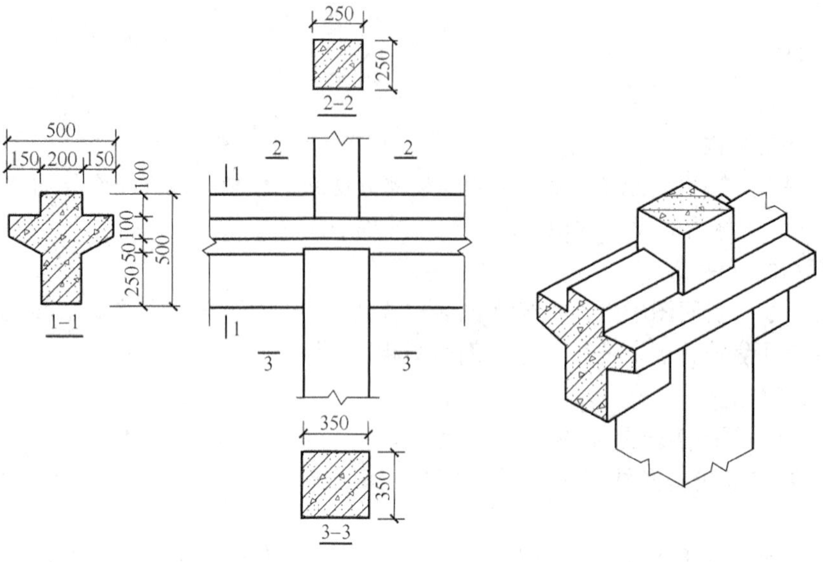

a)　　　　b)

图 7-10　梁、柱节点构件图

a）表达方案　b）直观图

2. 重合断面图　直接画在视图之内的断面图称为重合断面图。重合断面图的轮廓线应用细实线画出。当视图中的轮廓线与重合断面图重叠时，视图中的轮廓线仍应连续画出，不可间断。重合断面图不需任何标注，如图 7-11 所示。

3. 中断断面图　布置在形体投影图中断处的断面图称为中断断面图。这种断面图常用来表示较长而且只有单一断面的杆件及型钢。中断断面图有需要标注。

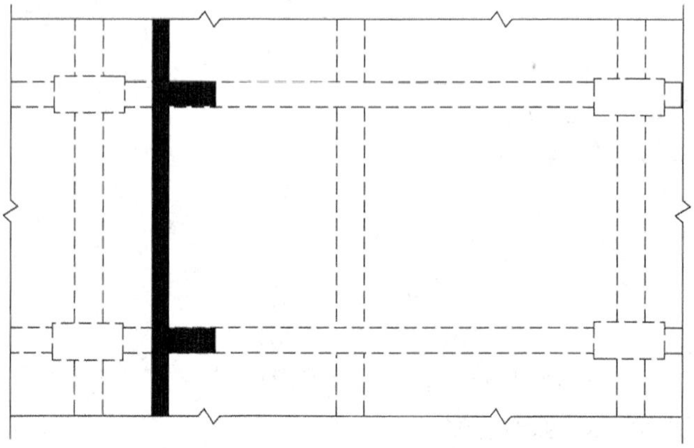

图 7-11　现浇钢筋混凝土楼面的重合断面图

7.4　其他表达方法

7.4.1　对称省略画法

构配件的视图有一条对称线，可只画该视图的一半；有两条对称线，可只画该视图的四分之一，并画出对称符号，如图 7-12a 所示。图形也可稍超出其对称线，此时可不画出对称符号，如图 7-12b 所示。

对称符号是两条平行等长的细实线，线段长为 6～10mm，间距约为 2～3mm，分别标在图形外中心线两端，并且到图形的距离相等。

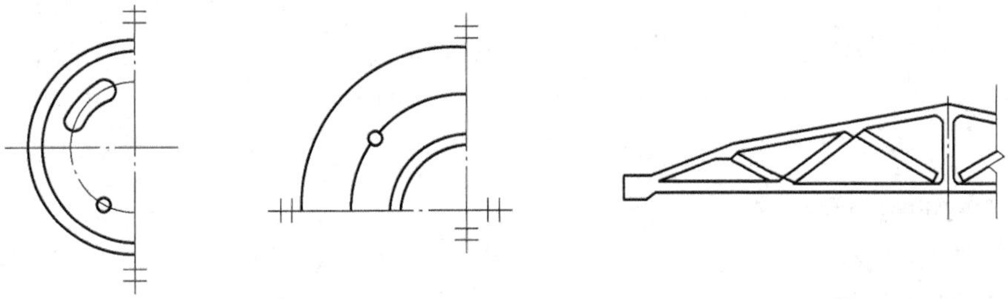

a)　　　　　　　　　　b)

图 7-12　简化画法（一）：对称省略画法

a）画出对称符号　b）不画出对称符号

7.4.2　相同构造要素画法

构配件内有多个完全相同且连续排列的构造要素时，可仅在两端或适当位置画出其完整形状，其余部分以中心线或中心线交点表示，如图 7-13 表示。

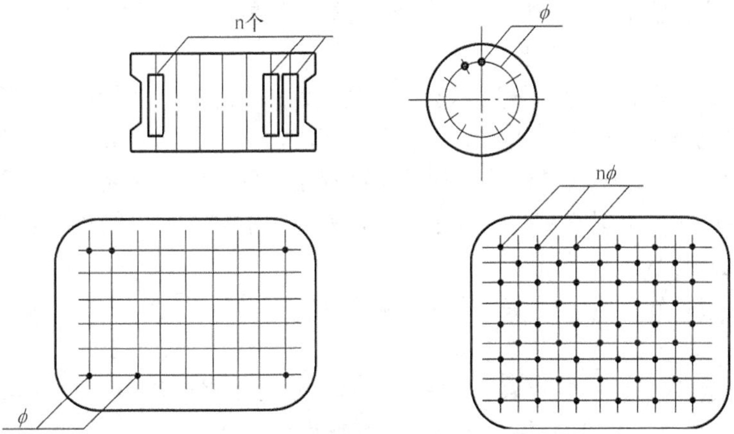

图 7-13　简化画法（二）：相同构造要素画法

7.4.3　折断画法

较长的构件，如沿长度方向的形状相同或按一定规律变化，可断开省略绘制，断开处应以折断线表示，如图 7-14 所示。

7.4.4　连接画法

一个构配件，若绘制位置不够，可分几个部分绘制，并应以连接符号表示相连，如图 7-15 所示。

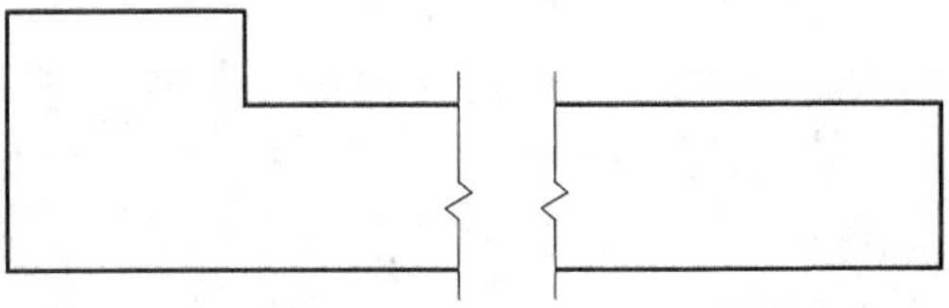

图 7-14　简化画法（三）：折断画法

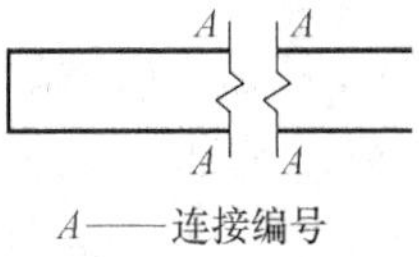

图 7-15　简化画法（四）：连接画法

第 8 章 建筑施工图

8.1 概述

8.1.1 建筑物的类型及组成

1. 建筑物的类型

1）按使用性质分类

建筑物也称为房屋，是供人们居住、生活以及从事各种生产活动的场所。

建筑物按其使用性质，通常可分为民用建筑、工业建筑和农业建筑三大类。工业建筑和农业建筑合称为生产性建筑，民用建筑又称为非生产性建筑。

其中，民用建筑又分为居住建筑和公共建筑。居住建筑是指供人们生活起居用的建筑物，如住宅、宿舍、公寓等；公共建筑是指供人们进行各项社会活动的建筑物，如商场、学校、幼儿园、医院、旅馆、办公楼、车站、体育馆、影剧院等。

2）按建筑规模大小和数量分类

建筑物按建筑规模和数量可分为大量性建筑和大型性建筑。大量性建筑指量大面广、与人们生活密切相关的那些建筑，如住宅、宿舍、商店、医院、学校等。大型性建筑指建造数量较少，但单幢建筑规模宏大的建筑，如大型体育馆、影剧院、航空站、火车站等。这些建筑修建量有限，但在一个国家或一个地区具有代表性，对城市的面貌影响较大。

3）按建筑层数分类

住宅建筑按层数分类：1 ~3 层为低层；4 ~6 层为多层；7 ~9 层为中高层；10 层以上为高层。

公共建筑按层数分类：公共建筑及综合性建筑总高度超过 24m 者为高层（但不包括高度超过 24m 的单层建筑）。这个高度是我国目前城市消防扑救能达到的极限高度。

超高层建筑：建筑物高度超过 100m 时，不论住宅建筑或公共建筑，均称为超高层建筑。

另外，建筑物还可按承重结构材料、建筑的耐火等级、建筑的耐久年限等进行分类。

2. 建筑物的组成　各种不同的建筑物，尽管其使用要求、空间组合、外形处理、结构形式、构造方式及规模大小等方面有各自的特点，但其构成房屋的主要部分大致是相同的。由图 8-1 可知，一幢房屋是由基础、墙（或柱）、楼地面、楼梯、屋顶和门窗等六大部分组成的。它们各处在不同的部位，发挥着不同的作用。此外，一般建筑物还有其他的配件和设施，如阳台、雨篷、雨水管、勒脚、散水、明沟、通风道、垃圾道等。

（1）基础　基础是房屋最下面的结构部分，它的作用是承受房屋的全部荷载，并将这些荷载传给地基。地基不是房屋的组成部分，它是承受建筑物上部荷载的土层。

（2）墙（或柱）　墙或柱是建筑物的竖向承重构件，是建筑物的重要组成部分。墙体是房屋的承重和围护及分隔构件，同时又兼有保温、隔声、隔热等作用。作为承重构件，它承受由屋顶、各楼层传来的荷载，并将这些荷载传给基础。

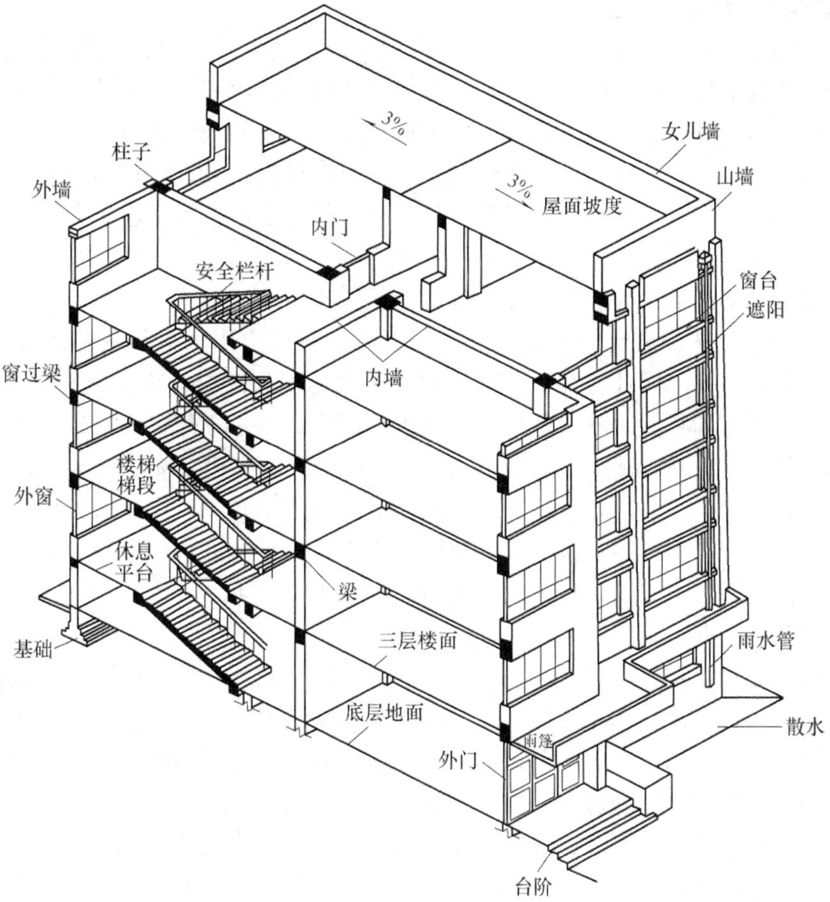

图 8-1　房屋的组成

按位置的不同，墙可分为外墙和内墙，外墙起着承重、保护及围护作用，内墙起承重及分隔空间的作用。当房屋的内部空间较大时，根据结构的需要，常用柱子来承受上部荷载，墙只起到围护和分隔的作用。

（3）楼地面　楼板和地面层是建筑物中水平方向的承重构件，除承受荷载外，楼板在垂直方向上将房屋空间分隔成若干层。

楼板支撑着人和家具设备的荷载，并将这些荷载传递给墙或柱，它应有足够的强度和刚度；地面层是指房屋底层之地坪，地面层有均匀传力及防潮等要求，应具有坚固、耐磨、易清洁等性能。

（4）楼梯　楼梯是各楼层之间的垂直交通工具，供人们上下楼层和发生紧急事故时疏散人流之用。楼梯应有足够的通行能力，并做到坚固和安全。

（5）屋顶　房屋主要是房屋的围护构件，抵抗风、雨、雪的侵袭和太阳辐射热的影响。屋顶又是房屋的承重结构，承受风、雪荷载和施工期间的各种荷载。屋顶应坚固耐久、不漏水和保温、隔热。

（6）门窗　门和窗均为非承重的建筑配件。门主要用来通行人流，窗主要用来采光和通风。处于外墙上的门窗又是围护构件的一部分，应考虑防水和热工要求。

8.1.2 房屋建筑工程图的产生和分类

1. 房屋建筑工程图的产生　一个建筑工程项目，从制订计划到最终建成，必须经过一系列的过程。建筑工程图的产生过程，是建筑工程从计划到建成过程中的一个重要环节。

建筑工程图是由设计单位根据设计任务书的要求、有关的设计资料、计算数据及建筑艺术等多方面因素设计绘制而成的。根据建筑工程的复杂程度，其设计过程分两阶段设计和三阶段设计两种，一般情况都按两阶段进行设计，对于较大的或技术上较复杂、设计要求高的工程，才按三阶段进行设计。

两阶段设计包括初步设计和施工图设计两个阶段。

(1) 初步设计　初步设计的主要任务是根据建设单位提出的设计任务和要求，进行调查研究、收集资料，提出设计方案，其内容包括必要的工程图样、设计概算和设计说明等。初步设计的工程图样和有关文件只是作为提供方案研究和审批之用，不能作为施工的依据。

(2) 施工图设计　施工图设计的主要任务是满足工程施工各项具体技术要求，提供一切准确可靠的施工依据，其内容包括工程施工所有专业的基本图、详图及其说明书、计算书等。此外还应有整个工程的施工预算书。整套施工图样是设计人员的最终成果，是施工单位进行施工的依据。所以施工图设计的图样必须详细完整、前后统一、尺寸齐全、正确无误，符合国家建筑制图标准。

当工程项目比较复杂，许多工程技术问题和各工种之间的协调问题在初步设计阶段无法确定时，就需要在初步设计和施工图设计之间插入一个技术设计阶段，形成三阶段设计。技术设计的主要任务是在初步设计的基础上，进一步确定各专业间的具体技术问题，使各专业之间取得统一，达到相互配合协调。在技术设计阶段，各专业均需绘制出相应的技术图样，写出有关设计说明和初步计算等，为第三阶段施工图设计提供比较详细的资料。

2. 房屋建筑工程图的分类　一套房屋建筑工程图根据其内容和各工种不同分为以下四类：

(1) 施工首页图（简称首页图）　施工首页图包括图样目录和设计总说明。

(2) 建筑施工图（简称建筑）　建筑施工图主要用来表示建筑物的规划位置、外部造型、内部各房间的布置、内外装修、构造及施工要求等。它的内容主要包括总平面图、各层平面图、立面图、剖面图及详图。

(3) 结构施工图（简称结施）　结构施工图主要表示建筑物承重结构的结构类型、结构布置、构造种类、数量、大小及做法。它的内容包括结构设计说明、结构平面布置图及构造详图。

(4) 设备施工图（简称设施）　设备施工图包括给水排水、采暖通风、电气照明等设备的平面布置图、系统图和施工详图及其说明书等。

3. 房屋建筑工程图的编排顺序

1) 图样目录。图样目录又称为标题页或首页图，说明该套图样有几类，各类图样分别有几张，每张图样的符号、图名、图幅大小；若采用标准图，应写出所使用标准图的名称、所在的标准图集和图号或页数。编制图样目录的目的是便于查找图样。

2) 设计总说明（即首页）。设计总说明一般应包括施工图的设计依据、本工程项目的设计规模和建筑面积、本项目的相对标高与总图绝对标高的对应关系；室内外的用料说明，如砖强度等级、砂浆强度等级、墙身防潮层、地下室防水、屋面、勒脚、散水、台阶、室内外装修等做法。

3）建筑施工图（简称建施）。

4）结构施工图（简称结施）。

5）给水排水施工图。

6）采暖通风施工图。

7）电气施工图。

如果是以某专业工种为主体的工程，则应该突出该专业的施工图而另外编排。

各专业的施工图应按图样内容的主次关系系统地排列。例如，基本图在前，详图在后；总体图在前，局部图在后；主要部分在前，次要部分在后；布置图在前，构件图在后；先施工的图在前，后施工的图在后等。

提示：

一套完整的房屋施工图，其内容和数量很多。而且因工程的规模和复杂程度不同、工程的标准化程度不同，都可导致图样数量和内容的差异。为了能准确地表达建筑物的形状，设计时图样的数量和内容应完整、详尽、充分，一般在能够清楚表达工程对象的前提下，一套图样的数量及内容越少越好。

8.1.3 建筑施工图的图示内容及用途、读图方法和读图要点

1. 建筑施工图的图示内容及用途

（1）内容　建筑施工图主要表达建筑物的总体布局、外部造型、内部布置和室内外装修，各部构造尺寸、结构构造、材料做法、设备和施工要求等。其基本图样包括施工总说明、总平面图、建筑平面图、建筑立面图、建筑剖面图、建筑详图和门窗表等。

（2）用途　建筑施工图是房屋施工时定位放线、砌筑墙身、制作楼梯、安装门窗、固定设施以及室内外装饰的主要依据，也是编制工程预算和施工组织计划等的主要依据。

2. 建筑施工图的读图方法　识读施工图时，必须掌握正确的识读方法。

在识读整套图样时，应按照“总体了解、顺序识读、前后对照、重点细读”的读图方法。

（1）总体了解　一般是先看目录、总平面图和施工总说明，以大致了解工程的概况，如工程设计单位、建设单位、新建房屋的位置、周围环境、施工技术要求等。对照目录检查图样是否齐全，采用了哪些标准图，要准备齐全这些标准图。然后看建筑平面图、立面图和剖面图，大体上想象一下建筑物的立体形象及内部布置。

（2）顺序识读　在总体了解建筑物的情况以后，根据施工的先后顺序，从基础、墙体（或柱）、结构平面布置、建筑构造及装修的顺序，仔细阅读有关图样。

（3）前后对照　读图时，要注意平面图、剖视图对照着读，建筑施工图和结构施工图对照着读，土建施工图与设备施工图对照着读，做到对整个工程施工情况及技术要求心中有数。

（4）重点细读　根据工种的不同，将有关专业施工图再有重点地仔细读一遍，并将遇到的问题记录下来，及时向设计部门反映。

识读一张图样时，应按由外向里、由大到小、由粗至细、图样与说明交替、有关图样对照看的方法，重点看轴线及各种尺寸关系。

要想熟练地识读施工图，除了要掌握投影原理、熟悉国家制图标准外，还必须掌握各专

业施工图的用途、图示内容和方法。此外，还要经常深入到施工现场，对照图样，观察实物，这也是提高识图能力的一个重要方法。

3. 建筑施工图的读图要点　为确保图样质量，提高制图和识图的效率，在绘制施工图时，必须严格遵守下列标准：《房屋建筑制图统一标准》（GB/T 50001—2010）、《总图制图标准》（GB/T 50103—2010）、《建筑制图标准》（GB/T 50104—2010）。

（1）图线　施工图中的不同内容是采用不同规格的图线绘制，选取规定的线型和线用以表明内容的主次和增加图面效果。建筑制图标准中对图线的使用都有明确的规定。绘图时，首先按所绘图样选用的比例选定粗实线的宽度，然后再规定其他线型的宽度。总的原则是剖切面的截交线和房屋立面图中的外轮廓线用粗实线，次要的轮廓线用中实线，其他的一律用细实线。可见的用实线，不可见的用虚线。

（2）比例　房屋的平、立、剖面图采用小比例绘制。对于无法表达清楚的部分，采用大比例绘制的建筑详图来进行表达。

（3）标准图和标准图集　为了加快设计和施工进度，提高设计与施工质量，把房屋工程中常用的、大量性的构配件按统一的模数、不同规格设计出系列施工图，供设计部门、企业选用。这样的图称为标准图，装订成册后就称为标准图集。

标准图集的分类方法有两种：一是按照适用范围分类；二是按照工种分类。

按照适用范围，标准图集大体分为以下三类：

1）第一类是国家标准图集，经国家建设委员会批准，可以在全国范围内使用。

2）第二类是地方标准图集，经各省、市、自治区有关部门批准，可以在相应地区范围内使用。

3）第三类是各设计单位编制的标准图集，仅供本单位设计使用，此类标准图集用得少。

按照工种，标准图集可分为以下两类：

1）建筑构件标准图集，一般用“G”或“结”表示。

2）建筑配件标准图集，一般用“J”或“建”表示。

（4）图例　建筑施工图中会有大量的图例。由于房屋的构、配件和材料种类较多，为绘图简便起见，“国标”规定了一系列的图形符号来代表建筑构配件、卫生设备、建筑材料等，这种图形符号称为图例。

8.1.4　建筑施工图的绘制要求

1. 图线　建筑施工图中所用图线应符合表 8-1 的规定。

表 8-1　线型与线宽

名称		线型	线宽	用途
实线	粗	————	b	1. 新建建筑物 ±0.00 高度可见轮廓线 2. 新建铁路、管线
	中	————	$0.7b$ $0.5b$	1. 新建构筑物、道路、桥涵、边坡、围墙、运输设施的可见轮廓线 2. 原有标准轨距铁路

（续）

名称		线型	线宽	用途
实线	细		0.25b	1. 新建建筑物±0.00高度以上的可见建筑物、构筑物轮廓线 2. 原有建筑物、构筑物、原有窄轨、铁路、道路、桥涵、围墙的可见轮廓线 3. 新建人行道、排水沟、坐标线、尺寸线、等高线
虚线	粗		b	新建建筑物、构筑物地下轮廓线
	中		0.5b	计划预留扩建的建筑物、构筑物、铁路、道路、运输设施、管线、建筑红线及预留用地各线
	细		0.25b	原有建筑物、构筑物、管线的地下轮廓线
单点长画线	粗		b	露天矿开采界限
	中		0.5b	上方填挖区的零点线
	细		0.25b	分水线、中心线、对称线、定位轴线
双点长画线	粗		b	用地红线
	中		0.7b	地下开采区塌落界限
	细		0.5b	建筑红线
折断线			0.5b	断线
不规则曲线			0.5b	新建人工水体轮廓线

注：根据各类图纸所表示的不同重点确定使用不同粗细线型。

特别提示：

在同一张图样中一般采用三种线宽的组合，线宽比为b∶0.5b∶0.25b。较简单的图样可采用两种线宽组合，线宽比为b∶0.25b。

2. 比例　房屋建筑体形庞大，通常需要缩小后才能画在图样上。建筑施工图中，总平面图常用比例为1∶500、1∶1000、1∶2000，建筑物或构筑物的平、立、剖面图常用比例为1∶100、1∶150、1∶200等。建筑物或构筑物的局部放大图常用比例为1∶20、1∶50等。

3. 定位轴线　房屋中承受重量的墙或柱，其数量、类型都很多。为确保工程质量、准确施工定位，在建筑平面图中采用轴线网格划分平面。这些轴线叫作定位轴线，是确定房屋主要承重构件（墙、柱、梁）位置及标注尺寸的基线。定位轴线用细点画线表示，轴线编号用细线圆表示。圆的直径一般为8mm，详图为10mm，圆内注写编号。在建筑平面图上，水平方向自左向右用阿拉伯数字（1，2，…，9）编写，垂直方向自下而上用大写拉丁字母编写，但字母I、O、Z不用，以免与数字1，0，2混淆。定位轴线的编号宜标注在图的下方和左侧，如图8-2所示。两条轴线之间如有附加轴线时，编号要用分数表示，如1/4、2/A，其中分母表示前一轴线的编号，分子表示附加轴线的编号。

4. 尺寸与标高、标高符号

（1）尺寸　建筑施工图上的尺寸可分为定形尺寸、定位尺寸和总体尺寸。定形尺寸表示各部位构造的大小；定位尺寸表示各部位构造之间的相互位置；总体尺寸应等于各分尺寸之和。除了总平面图及标高尺寸以 m 为单位外，其余尺寸一律以 mm 为单位。注写尺寸时，应注意使长、宽尺寸与相邻的定位轴线相联系。

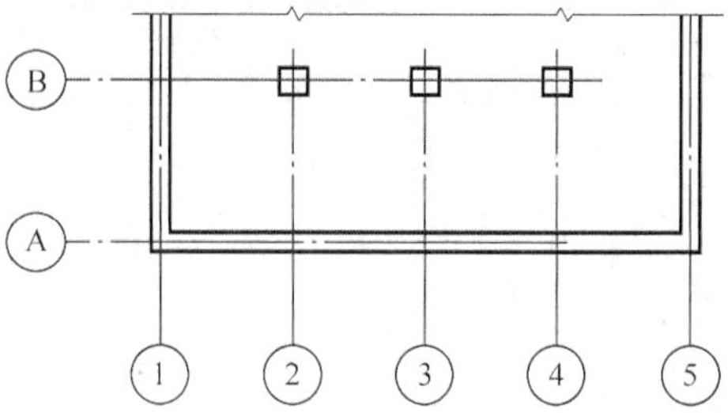

图 8-2　定位轴线

（2）标高　标高是标注建筑物高度方向的一种尺寸形式，可分为绝对标高和相对标高，均以 m 为单位。绝对标高是以青岛附近黄海平均海平面为零点测出的高度尺寸，它仅使用在建筑总平面图中。相对标高是以建筑物室内主要地面为零点测出的高度尺寸。

（3）标高符号　在总平面图、平面图、立面图和剖面图上，所用标高符号以细实线绘制的等腰直角三角形表示。标高数值一般标注小数点后三位数（总平面图中为两位数）。在“建施”图中的标高数字表示其完成面的数值。如标高数字前有“ -”号的，表示该处完成面低于零点标高；如数字前没有符号的，则表示高于零点标高。在总平面图中，室外地坪标高符号宜用涂黑的三角形表示，标高数值书写在标高符号横线上。各种标高符号的画法如图 8-3 所示。

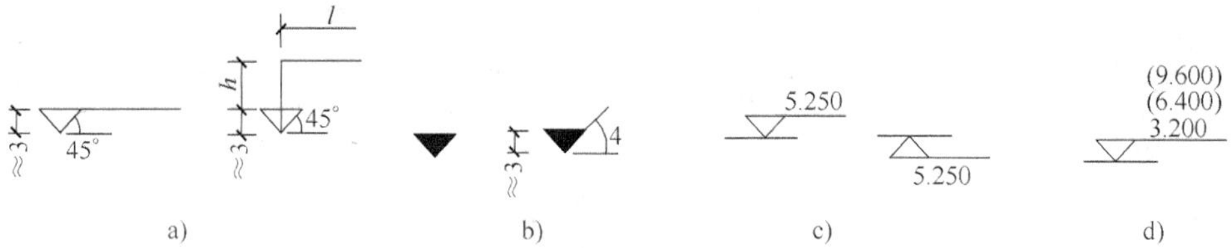

图 8-3　标高符号的画法

a）个体建筑标高符号　b）总平面图室外地坪标高符号　c）标高的指向　d）同一位置注写多个标高

5. 索引符号　索引符号如图 8-4 所示，用一条引出线指出要画详图的地方，在线的另一端画一个细实线圆，其直径为 10mm。当索引符号用于索引剖面详图时，应在被剖切的部位

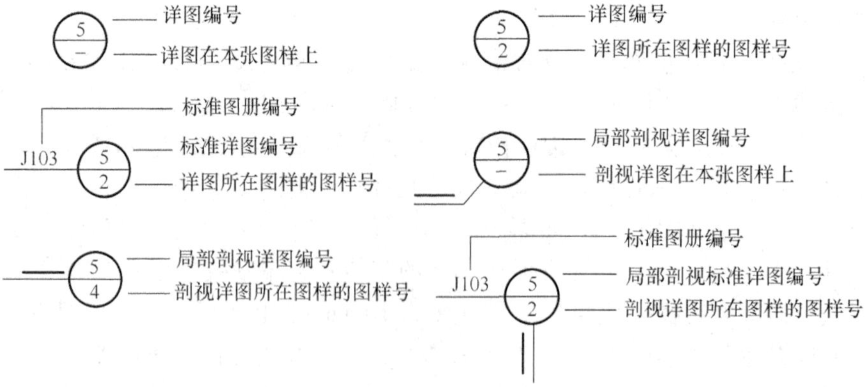

图 8-4　索引符号

绘制剖切位置线。引出线所在一侧应为剖视方向。上半圆中用阿拉伯数字注明该详图的编号，下半圆中用阿拉伯数字注明该详图所在图样的图样号。如详图与被索引的图样同在一张图纸内，则在下半圆中间画一水平细实线。索引出的详图，如采用标准图，应在索引符号水平直径的延长线上加注该标准图册的编号，如图 8-4 中的 J103 即为标准图册的编号。

6. 详图符号　详图符号表示详图的位置和编号，用一条粗实线圆绘制，直径为 14mm。详图与被索引的图样如果同在一张图样内，应在符号内用阿拉伯数字注明详图编号；如果不在同一张图样内，可用细实线在符号内画一个水平直径，在上半圆中注明详图编号，在下半圆中注明被索引图样号，如图 8-5 所示。

特别提示：

要注意图中需要另画详图的部位应编上索引号，并把另画的详图编上详图号，二者之间必须对应一致，以便查找。

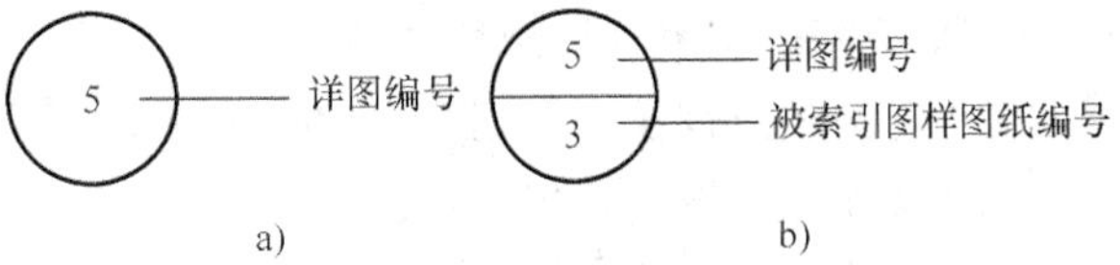

图 8-5　详图符号

7. 指北针　指北针用来表示建筑物的朝向。指北针用细实线圆绘制，圆的直径为 24mm。指针尖为北向，指针尾部宽度宜为 3mm，需用较大直径绘指北针时，指针尾部宽度宜为直径的 1/8，如图 8-6 所示。

8.1.5　建筑施工图的绘制方法

绘制建筑施工图，要有高度负责的工作态度和认真细致的工作作风。所绘制的施工图，要求技术合理、投影正确、表达清楚、尺寸齐全、字体工整以及图样布置紧凑、图面整洁等，这样才能满足施工的需要。

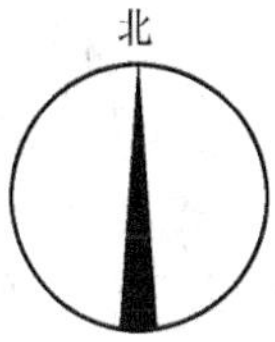

图 8-6　指北针

（1）确定绘制图样的数量　根据房屋的外形、平面布置和构造内容的复杂程度，以及施工的具体要求，确定绘制哪几种图样。

（2）选择合适的比例　在保证图样能清晰表达其内容的情况下，根据不同图样的不同要求，选用国家标准推荐的绘图比例。

（3）进行合理的图面布置　图面布置（包括图样、图名、尺寸、文字说明及表格等）要主次分明、排列均匀紧凑、表达清晰。在图样大小许可的情况下，尽量保持各图之间的投影关系，或将同类型的、内容关系密切的图样，集中在一张或顺序连续的几张图样上，以便查阅。如果画在同一张图样上时，平面图与立面图应长对正，平面图与剖面图应宽相等，立面图与剖面图应高平齐。如果不画在一张图样上时，它们相互对应的尺寸均应相同。

（4）绘制建筑施工图的顺序　一般是按平——立——剖——详图的顺序来进行。绘图时，先用较硬的铅笔画出轻淡的底稿线，底稿经检查无误后，按国家标准规定来选用不同线型，进行加深。

8.2　建筑施工图首页和总平面图

8.2.1　施工图首页

拟建房屋的施工要求和总体布局，由施工总说明和建筑总平面图表示。一般中小型房屋建筑施工图首页（即施工图的第一页）就包含了这些内容。

对整个工程的统一要求（如材料、质量要求）、具体做法及该工程的有关情况都可在施工总说明中作具体的文字说明。

应用案例：

施工总说明

1. 设计依据

1.1 甲方提供的有关资料。

1.2 签订的工程设计合同。

1.3 国家及地方有关设计的标准规范，设计标准图采用河北省设计标准图集 98J1，如不能满足施工图需求，可采用国家标准图集。

设计中采用的国家现行规范主要有：

1.3.1《民用建筑设计通则》GB 50352—2005。

1.3.2《办公建筑设计规范》JGJ 67—2006。

1.3.3《建筑设计防火规范》GBJ 67—2006。

1.3.4《地下工程防水技术规范》GB 50108—2008。

1.3.5《屋面工程技术规范》GB 50345—2004。

1.3.6《玻璃幕墙工程技术规范》JGJ 102—2003。

1.4 其他专业提供的相关设计资料。

2. 工程概况

2.1 建筑名称：某某办公楼。

建筑地点：某市某路南侧，某花园北侧。

2.2 建筑面积：总建筑面积为：1979.05m^2，其中地下室建筑面积为：338.89m^2。

2.3 建筑层数和建筑高度：

建筑层数为地下一层，地上五层。

建筑高度为 7.000m。

2.4 建筑物耐久年限，项目等级和建筑物耐火等级：

2.4.1 本建筑物耐久年限为 50 年，建筑工程设计等级为三级。

2.4.2 本建筑物耐火等级为三级。

2.5 抗震设防烈度为七度。

2.6 本建筑物室内标高 ±0.000，绝对标高现场定。

2.7 主体结构形式为框架结构。

3. 墙体

3.1 地下部分外墙为 370 厚，MUIO 实心砖砌块，M5 水泥砂浆砌筑，做法见 98J3（一），内墙为 200 厚加气混凝土墙，M5 水泥砂浆砌筑，做法见 98J3（四）。

3.2 地上部分外墙为 250 厚加气混凝土墙，内墙为 200 厚加气混凝土墙，M5 水泥砂浆砌筑，做法见 98J3（四）。

3.3 水、暖管道穿地下室外墙处安装刚性防水套管，见水施、暖施。

3.4 施工时，应根据各专业图样留洞。

3.5 构造柱、圈梁和门窗过梁见结构图样。

4. 门窗

4.1 外门窗。

4.1.1 外门为白色铝合金框透明玻璃，外窗为白色塑钢窗。外门、窗立框除标注外均居墙中（五层不居中）。

4.1.2 中空玻璃门窗由甲方选厂家制作安装。

4.1.3 玻璃幕采用蓝绿色镀膜玻璃。预埋件应配合现场施工。

4.1.4 门窗立面分格图的外包尺寸为洞口尺寸，制作时适当减去安装尺寸。门窗可作微小调整，门窗用料大小及玻璃厚度根据洞口大小及分格尺寸合理确定。

4.1.5 门窗经核实无误后，方可安装。

4.2 内门窗规格及要求详见门窗表。

5. 外装修

5.1 外墙仿蘑菇石，做法参见98J1。

5.2 凡露明金属构件均除锈后刷防锈漆两道、白色调和漆两道，做法见98J1。

5.3 外装饰材料要求材质色彩均匀，对缝整齐，甲方看样后方可施工。

6. 内装修

6.1 内装修做法详见“装修表”。装修表中做法若与实际厚度不符时，均以楼面标高为准，施工时视具体情况增加或减少焦渣垫层的厚度。

6.2 铺地砖楼面中，地砖品种应由甲方与设计者选样确定，规格甲方自理，施工要求对缝整齐、平整。

6.3 同层楼地面中采用不同颜色或材料时，一般在门扇下分界，要求分界平整而整齐。

6.4 建筑物内墙面阳角处设1:2水泥砂浆护角到顶，两边各宽50，厚度同相邻墙面粉刷。

6.5 木门外罩浅黄色调和漆，做法详见98J1。

6.6 室内楼梯踏步做法见98J8，楼梯踏步采用楼梯踏步专用砖，颜色同室内地面，施工要求表面平整、不得脱落。栏杆选用不锈钢栏杆及扶手，做法见98J8，所有栏杆高均为1m（顶层栏杆为1.1m）。

7. 防水、防潮工程

7.1 屋面：建筑屋面防水等级为Ⅲ级，采用一道SBS卷材防水层，做法见98J1。

7.2 地下室防潮做法见98J2。

7.3 卫生间室内楼地面比同层楼地面低20，防水做法详见装修表。设地漏或地沟的房间地面向地漏或地沟找坡0.5%，1000范围坡度变为1%，地漏箅子不得高出地面。

7.4 凡穿过卫生间及其他有防水要求的立管均应做防水套管，套管高出地面30，防水密封膏密封。做法见98J12。

7.5 管道穿地下室侧壁应预埋套管，防水密封膏密封，做法见98J2。

7.6 建筑物四周均做散水，宽1000，做法见98J9。

8. 防火设计

8.1 防火分区。

8.1.1 地下部分为一个防火分区。

8.1.2 地上部分为一个防火分区。

8.2 防火门的耐火极限：甲级1.2小时。

9. 节能设计

9.1 外墙采用250厚加气混凝土砌体；外窗采用塑钢窗，屋面采用50厚聚苯保温板。

10. 其他

10.1 凡是建筑物外墙挑檐、雨篷及钢筋混凝土板下均抹1∶2.5水泥石灰砂浆15厚，喷白色外墙涂料两道。

10.2 雨水管采用110UPV。

11. 本施工图所注尺寸标高以m为单位，其余均以mm为单位，图中尺寸以标注为准。

12. 本图施工时应与其他各专业施工图样互相协调，密切配合，以防错缺漏碰。

13. 本施工图未尽事宜应严格遵守国家和地方主管部门颁布的现行施工及验收规范、标准。施工中遇到问题应及时通知建设单位及设计单位协商解决。

8.2.2 建筑总平面图

将新建建筑物四周一定范围内原有的和拆除的建筑物、构筑物连同其周围的地形地物状况，用水平投影方法和相应的图例所画出的图样，称为建筑总平面图（或总平面布置图），简称总平面图或总图。总平面图表示出新建房屋的平面形状、位置、朝向及与周围地形、地物的关系等。总平面图是新建房屋定位、施工放线、土方施工及有关专业管线布置和施工总平面布置的依据。

1. 图示特点

1）总平面图包括的地方范围较大，所以绘制时都用较小的比例，如1∶2000、1∶1000、1∶500等。在实际工作中，由于各地方国土管理局所提供的地形图的比例为1∶500，故常接触的总平面图中多采用这个比例。

2）总平面图上标注的尺寸，一律以m为单位。

3）由于比例较小，总平面图上的内容一般按图例绘制，所以总图中使用的图例符号较多。常用图例符号见表8-2。在较复杂的总平面图中，若用到一些“国标”没有规定的图例，必须在图中另加说明。

表8-2 常用图例符号

序号	名称	图例	备注
1	新建建筑物	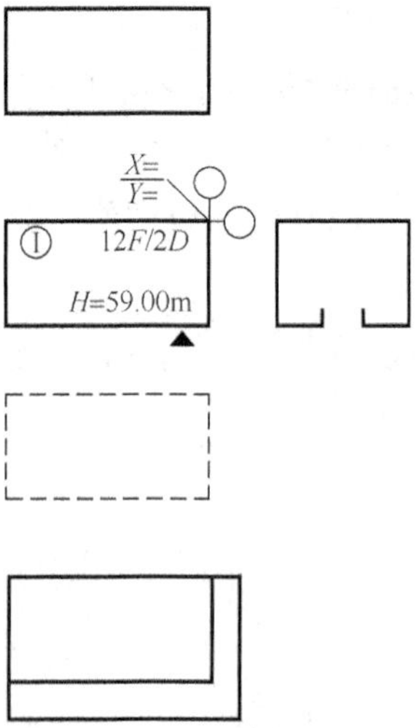	新建建筑物以粗实线表示与室外地坪相接处±0.00外墙定位轮廓线 建筑物一般以±0.00高度处的外墙定位轴线交叉点坐标定位。轴线用细实线表示，并标明轴线号 根据不同设计阶段标注建筑编号，地上、地下层数，建筑高度，建筑出入口位置（两种表示方法均可，但同一图样采用一种表示方法） 地下建筑物以粗虚线表示其轮廓 建筑上部（±0.00以上）外挑建筑用细实线表示 建筑物上部连廊用细虚线表示并标注位置

（续）

序号	名称	图　　例	备　　注
2	原有建筑物	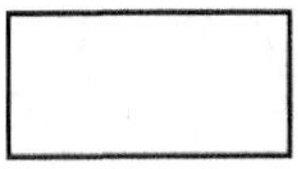	用细实线表示
3	计划扩建的预留地或建筑物		用中粗虚线表示
4	拆除的建筑物	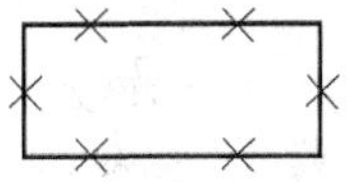	用细实线表示
5	建筑物下面的通道	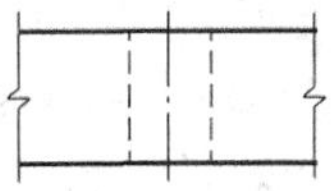	—
6	散状材料露天堆场	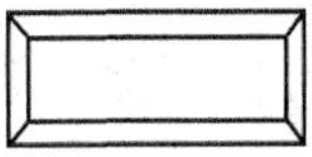	需要时可注明材料名称
7	其他材料露天堆场或露天作业场	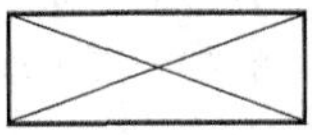	需要时可注明材料名称
8	铺砌场地	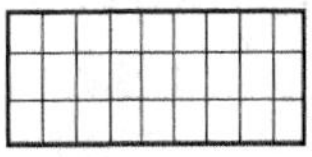	—
9	敞棚或敞廊	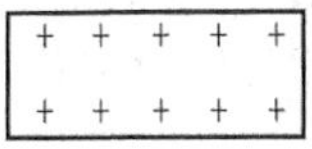	—
10	高架式料仓	 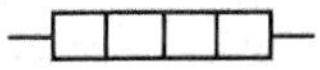	—
11	漏斗式贮仓		左、右图为底卸式 中图为侧卸式
12	冷却塔（池）	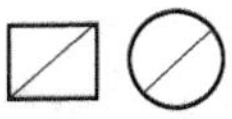	应注明冷却塔或冷却池
13	水塔、贮罐	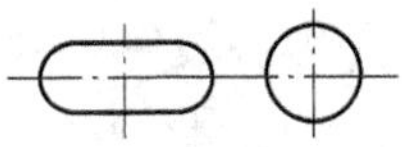	左图为卧式贮罐 右图为水塔或立式贮罐

（续）

序号	名称	图　例	备　注
14	水池、坑槽		也可以不涂黑
15	明溜矿槽（井）	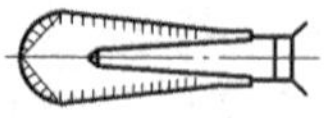	—

2. 图示内容

1）新建筑物。拟建房屋用粗实线框表示，并在线框内用数字或点数表示建筑层数。

2）新建建筑物的定位。总平面图的主要任务是确定新建建筑物的位置，通常是利用原有建筑物、道路等来定位的。

3）新建建筑物的室内外标高。我国把青岛市外的黄海平均海平面作为零点所测定的高度尺寸，称为绝对标高。在总平面图中，用绝对标高表示高度数值，单位为 m。

4）相邻有关建筑、拆除建筑的位置或范围。原有建筑用细实线框表示，并在线框内也用数字表示建筑层数。拟建建筑物用虚线表示。拆除建筑物用细实线表示，并在其细实线上打叉。

5）附近的地形地物，如等高线、道路、水沟、河流、池塘、土坡等。

6）指北针和风向频率玫瑰图。在总平面图中，应画出指北针或风向频率玫瑰图来表示建筑物的朝向。指北针的画法如图 8-6 所示。风向频率玫瑰图一般画出 16 个方向的长短线来表示该地区常年的风向频率，有箭头的方向为北向，如图 8-7 所示。从图 8-6 中的指北针和图 8-7 风向频率玫瑰图可知该地区常年多为西南风。

7）绿化规划、管道布置。

8）道路（或铁路）和明沟等的起点、变坡点、转折点、终点的标高与坡向箭头。以上内容并不是在所有总平面图上都是必需的，可根据具体情况加以选择。

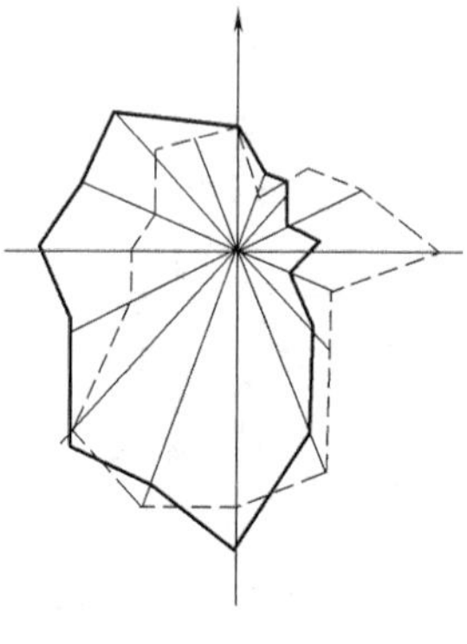

图 8-7　风向频率玫瑰图

应用案例：阅读总平面图实例

在阅读总平面图时，应首先阅读标题栏，以了解新建建筑工程的名称，再看指北针和风向频率玫瑰图，了解新建建筑物的地理位置、朝向和常年风向，最后了解新建建筑物的形状、层数、室内外标高及其定位，以及道路、绿化和原有建筑物等周边环境。

现以图 8-8 为例，说明识读建筑总平面图的步骤。

阅读建筑总平面图应从以下几个方面着手。

1）看图名、比例及有关文字说明。总平面图包括的地面范围较大，所以绘图比例较小，图中所用图例符号较多，应熟记。

2）了解新建工程的性质与总体布局，了解各建筑物及构筑物的位置，道路、场地和绿化等布置情况以及各建筑物的层数。

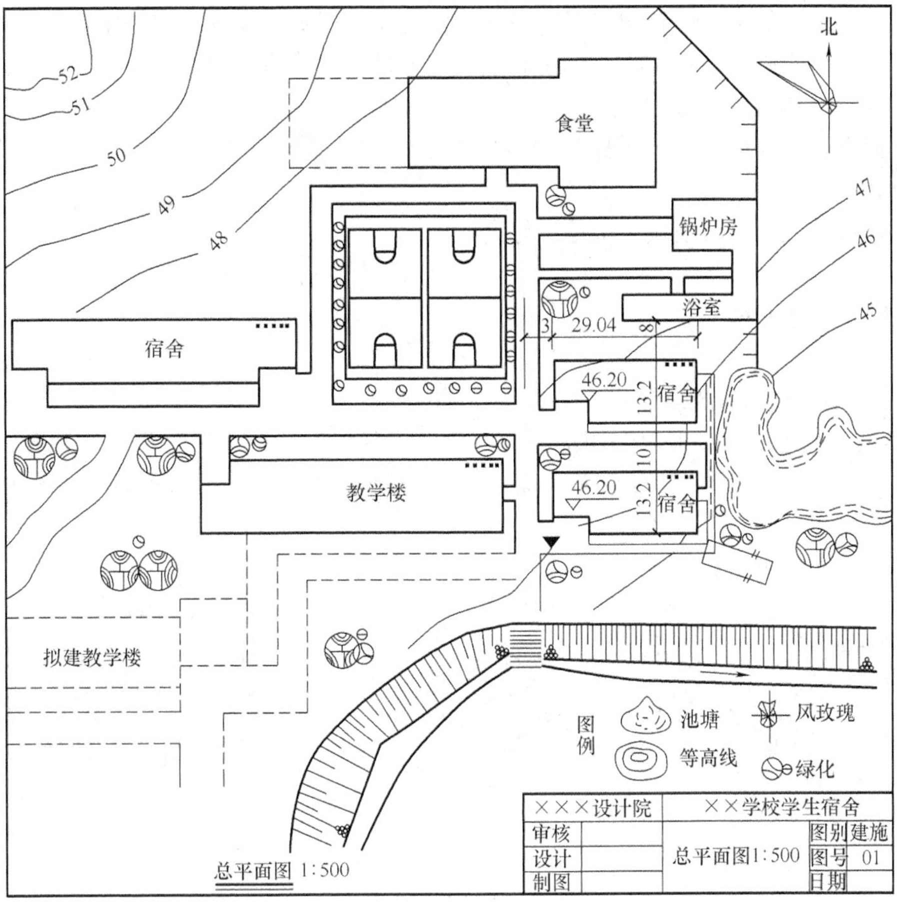

图 8-8 总平面图

3）明确新建工程或扩建工程的具体位置。新建工程或扩建工程一般根据原有房屋或道路来定位。当新建成片的建筑物或较大的建筑物时，可用坐标来确定每幢建筑物及其道路转折点等的位置。当地形起伏较大时，还应画出等高线。

4）看新建房屋底层室内地面和室外整平地面的绝对标高，可知室内外地面高差，及正负零与绝对标高的关系。

5）看总平面图上的指北针或风向频率玫瑰图，可知新建房屋的朝向和该地区常年风向频率。

6）总平面图上有时还画上给水排水、采暖、电器等管网布置图，一般与设备施工图配合使用。

图 8-8 是某学校的总平面图，比例是 1∶500。由图中的名称和各房屋所标注的名称可知新建的工程是某校的两幢相同四层的学生宿舍楼，南北朝向。

从图中的等高线可知该学校的地势是自西北向东南倾斜，风向频率为西北风。

建筑物的东向有个池塘，池塘西边有一段挡土墙，西南有一个护坡，护坡中间有台阶，东南角有一栋待拆的房屋，西北有两个篮球场，东北角有个围墙，周边还有写上名字原有建筑物和拟建建筑物、道路、绿化等。

特别提示：

用粗实线画出的图形是新建房屋的底层平面轮廓，用细实线画出的是原有建筑，其中四周打“×”的是应拆除的建筑物，用中虚线画出的是计划建造的房屋。各个建筑平面图形内的小黑点数，表示房屋的层数。

根据原有房屋、围墙（或道路）来确定新建房屋的平面位置，并标注出定位尺寸（以 m 为单位）。

当地形起伏较大时，还应画出地形等高线。

8.3 建筑平面图

8.3.1 建筑平面图的形成及作用

1. 形成　假想用一水平面剖切平面，沿着房屋各层门、窗洞口处将房屋切开，移去剖切平面以上部分，向下所作的水平剖面图，称为建筑平面图，简称平面图，如图 8-9 所示。

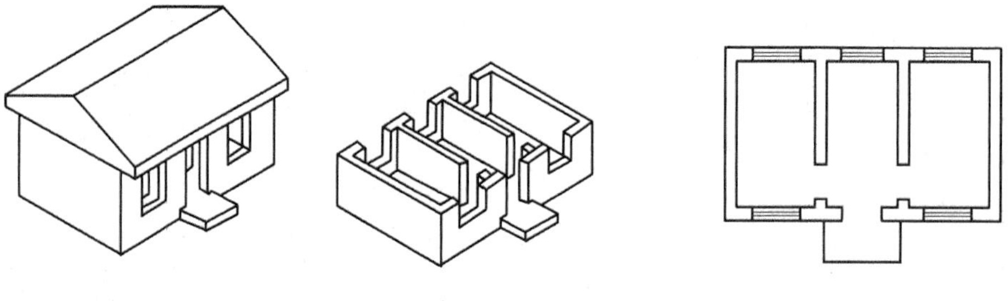

图 8-9　建筑平面图的形成

2. 作用　建筑平面图是建筑施工图中最基本的图样之一，主要表示建筑物的平面形状，房间的位置、大小、相互关系，墙体的位置、厚度、材料，柱的截面形状与尺寸大小，门窗的位置及类型等。它是施工放线、砌筑、安装门窗、进行室内外装修以及编制预算、备料等工作的依据。房屋的建筑平面图一般比较详细，通常采用较大的比例，如 1∶100、1∶50，并标出实际的详细尺寸。

8.3.2 建筑平面图的图示方法

一般房屋有几层，就应画出几个平面图，并在图的下方注明相应的图名，如底层平面图、二层平面图等。但有些建筑的二层至顶层的楼层，其构造、布置情况基本相同，画一个平面图即可，称其为中间层（或标准层）平面图。若其中有个别层的平面布置不同，可单独补画平面图。因此，多层建筑的平面图一般由底层平面图、标准层平面图、顶层平面图组成。另外还有屋顶平面图。屋顶平面图是从建筑物上方向下所作的平面投影，主要是表明建筑物屋顶上的布置情况和屋顶排水方式。

平面图实质上是剖面图，因此应按剖面图的图示方法绘制，即被剖切平面剖切到的墙、柱等轮廓线用粗实线表示，未被剖切到的部分如室外台阶、散水、楼梯以及尺寸线等用细实线表示，门的开启线用中粗实线表示。

在同一张图纸上绘制多于一层的平面图时，各层平面图宜按层数的顺序从左至右或从下至上布置。对于平面较大的建筑物，可分区绘制平面图，但应绘制组合示意图。

8.3.3 建筑平面图的图示内容和要求

平面图是建筑施工图中最重要的图样之一。从层平面图中，可以看出该建筑物底层的平面形状，各室的平面布置情况，出入口、走廊、楼梯的位置，各种门、窗的布置等。在厨房、卫生间内还可看到固定设备及其布置情况。

平面图不仅要反映室内情况，还须反映室外可见的台阶、明沟（或散水）、花坛等。

1. 底层平面图的图示内容　底层平面图的主要内容可概括如下。

1）图名、比例。

2）纵横定位轴线及其编号。

3）各种房间的布置和分隔墙、柱断面形状和大小。

4）门、窗布置及其型号。

5）楼梯梯段的走向。

6）台阶、花坛、阳台、雨篷等的位置，盥洗间、厕所、厨房等固定设施的布置及雨水管、明沟等的布置。

7）平面图的轴线尺寸，各建筑物构配件的大小尺寸和定位尺寸及楼地面的标高，某些坡度及其下坡方向。

8）剖面图的剖切位置线和投射方向及其编号，表示房屋朝向的指北针（这些仅在底层平面图中表示）。

9）详图索引符号。

10）施工说明等。

2. 平面图的要求

（1）比例　常用比例是1:200、1:100、1:50等，必要时可用比例是1:150、1:300等。

（2）定位轴线　定位轴线是标定房屋中的墙、柱等承重构件位置的线，是施工时定位放线及构件安装的依据。它是反映房间开间、进深的标志尺寸，常与上部构件的支撑长度相吻合。

（3）图线　被剖切到的墙柱轮廓线画粗实线（b）；没有剖切到的可见轮廓线如窗台、台阶、楼梯等画中实线（$0.5b$）；尺寸线、标高符号等用细线（$0.25b$）画出。如果需要表示高窗、通气孔、槽、地沟及起重机等不可见部分，则应以虚线绘制，定位轴线和中心线用细点画线。

（4）代号和图例　在平面图中，门窗、卫生设施及建筑材料均应按规定的图例绘制，并在图例旁注写它们的代号和编号，如代号“M”用来表示门，“C”表示窗，编号可用阿拉伯数字顺序编写，如M1，M2和C1，C2等，也可直接采用标准图上的编号。虽然门、窗用图例表示，但门窗洞的大小及其形式都应按投影关系画出，如窗洞有凸出的窗台，应在窗的图例上画出窗台的投影。门及其开启方向用45°方向倾斜的中实线线段表示，用两条平行的细实线表示窗框及窗扇的位置。常用建筑图例见表8-3。钢筋混凝土断面可涂黑表示，砖墙一般不画图例（或在描图纸背面涂红）。

（5）尺寸标注　平面图上的尺寸分为外部尺寸和内部尺寸两类。

1）外部尺寸主要有三道：第一道尺寸表示外轮廓的总尺寸，是从一端外墙到另一端外墙边的总长和总宽（外包尺寸）；第二道尺寸是轴线间尺寸，它是承重构件的定位尺寸，也是房间的开间和进深尺寸；第三道尺寸是细部尺寸，表明门、窗洞、洞间墙的尺寸等，这道尺寸应与轴线相关联。如果房屋前后或左右不对称，则平面图上四边都应注写三道尺寸。

表 8-3　建筑构造及配件图例

图例	名称	说明
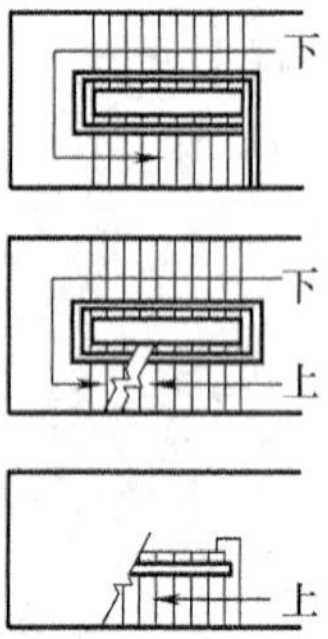	楼梯	（1）上图为底层楼梯平面；中图为中间层楼梯平面；下图为顶层楼梯平面 （2）楼梯及栏杆扶手的形式和梯段踏步数应按实际情况绘制
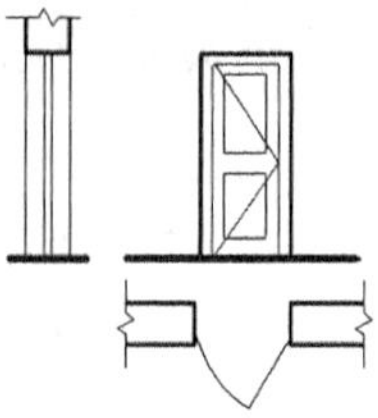	单扇门	（1）门的代号用 M 表示 （2）立面图上开启方向线交角一侧为安装合页的一侧，实线为外开，虚线为内开 （3）平面图上门线应 90°或 45°开启，开启弧线宜绘出 （4）立面图上开启方向线在一般设计图上不需要表示，仅在制作图上表示 （5）立面形式应按实际情况绘制
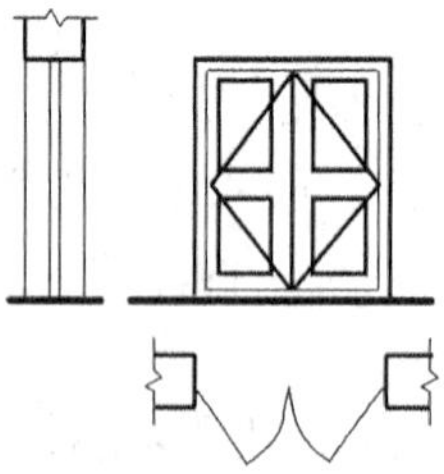	双扇门	
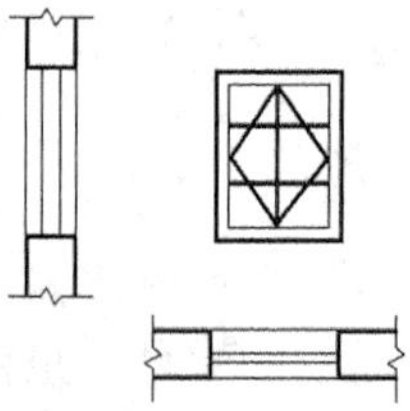	单扇外开平开窗	（1）窗的名称代号用 C 表示 （2）立面图中斜线表示开关方向，实线为外开，虚线为内开，开启方向线交角的一侧为安装合页的一侧，一般设计图中可不表示 （3）平、剖面图上的虚线仅说明开关方式，在设计图上不需要表示 （4）窗的立面形式应按实际情况绘制
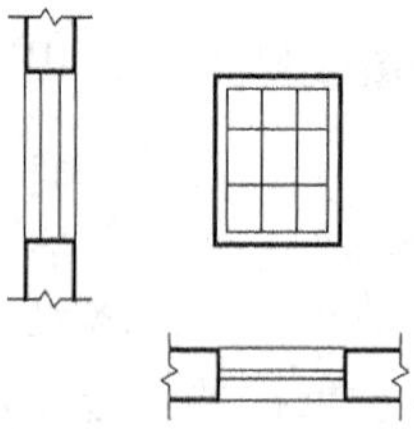	单扇固定窗	

2）内部尺寸表示房间的净空大小和室内的门窗洞、孔洞、墙厚和固定设备（厕所、盥洗室、工作台、隔板等）的大小与位置。

（6）剖切线与索引符号　建筑剖视图的剖切位置和投射方向，应在底层平面图中用剖切线表示，并应编号；凡套用标准图集或另有详图表示的构配件、节点，均需画出详图索引符号，以便对照阅读。

（7）建筑物的朝向　有时在底层平面图外面还要画出指北针符号，以表明房屋的朝向。

（8）标高　在平面图上，除注出各部分长度和宽度方向的尺寸之外，还要注出楼地面等的相对标高，以表明各房间的楼地面对标高零点的相对高度。

8.3.4　建筑平面图的读图方法

1. 读图方法　一个建筑物有多个平面图，应逐层阅读，注意各层的联系和区别。阅读步骤如下：

1）首先阅读图名、比例，明确平面图表达的楼层。

2）看指北针，了解房屋的朝向。

3）分析总体情况：包括建筑物的平面形状、总长、总宽、各房间的位置和用途。

4）分析定位轴线，了解各房间的进深、开间，墙柱的位置及尺寸。了解各层楼或地面以及室外地坪、其他平台、板面的标高。

5）阅读细部，详细了解建筑构配件及各种设施的位置及尺寸，各楼面、地面等处的标高，并查看索引符号。

6）查看剖视图的剖切标注符号。

2. 应用案例

以图 8-10 为例，说明阅读建筑平面图的方法和步骤。

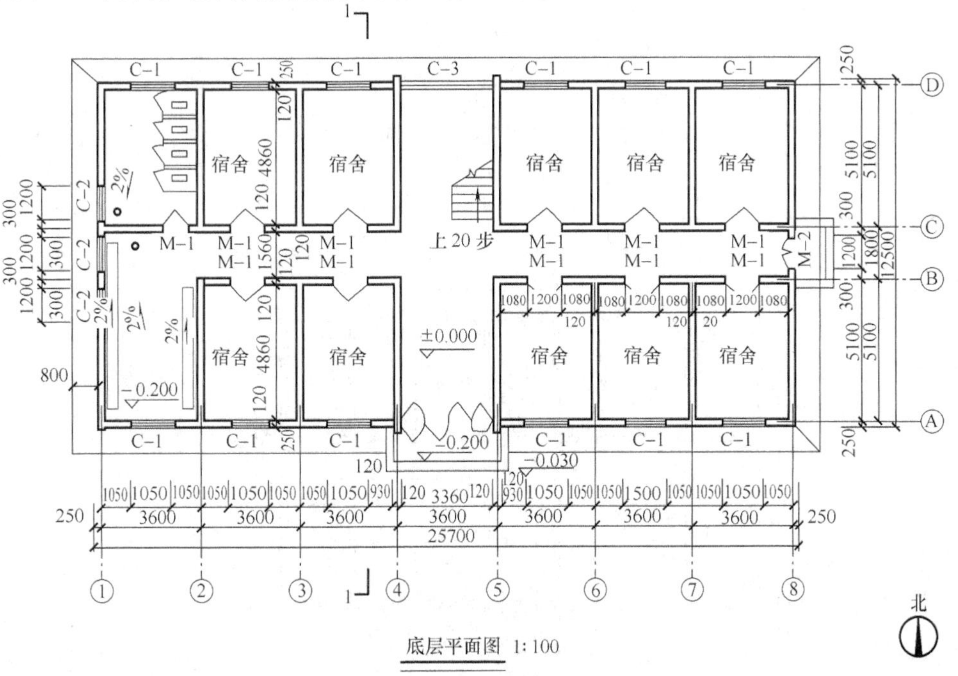

图 8-10　某建筑平面图

1）从图名可了解到该图是底层平面图，比例是 1∶100。在图中有一个指北针符号，说明房屋坐北朝南（上北下南）。建筑入口有两处，主入口位于南面正中，另一个为次入口，设在建筑的东侧。房屋外面轮廓总长 25.70m、总宽 12.50m，底层地面定为标高零点（注写为 ±0.000，相当于总平面图中室内地坪绝对标高 46.200）。

2）从轴线网和墙体可以看出，建筑平面呈标准的长方形，横向轴线为 1 ~ 8，竖向轴线为 A ~ D，房间的开间都是 3.60m，南北面房间的进深都是 5.10m，走廊宽 1.20m，走廊东西走向，将建筑物平分为南北两部分。

3）走廊的中部与主入口之间为全楼的门厅，向北是楼梯，每层的最西侧是盥洗室和卫生间，地面标高是 −0.200。

4）从第三道尺寸线可了解门窗的洞宽和位置、墙柱的大小和位置等，如外墙是 370mm，内墙是 240mm，C-1 窗的宽度为 1.5m，窗边距离轴线 1.05m。

5）从平面图中还可了解到楼梯、隔板、墙洞和各种卫生设备等的配置和位置，了解室外台阶、散水和雨水管的大小与位置。在底层平面图上，还画出剖面图的剖切符号，如1-1、2-2 等，以便与剖面图对照查阅。

8.3.5 建筑平面图的绘制方法

平面图一般按以下步骤绘制如图 8-11 所示。

1）绘制轴线。

2）绘制墙、柱和门窗洞口。

3）画楼梯、阳台、台阶、卫生间、散水等。

4）标注尺寸、标高、轴号、门窗编号、剖切符号，标注图名、比例及文字。

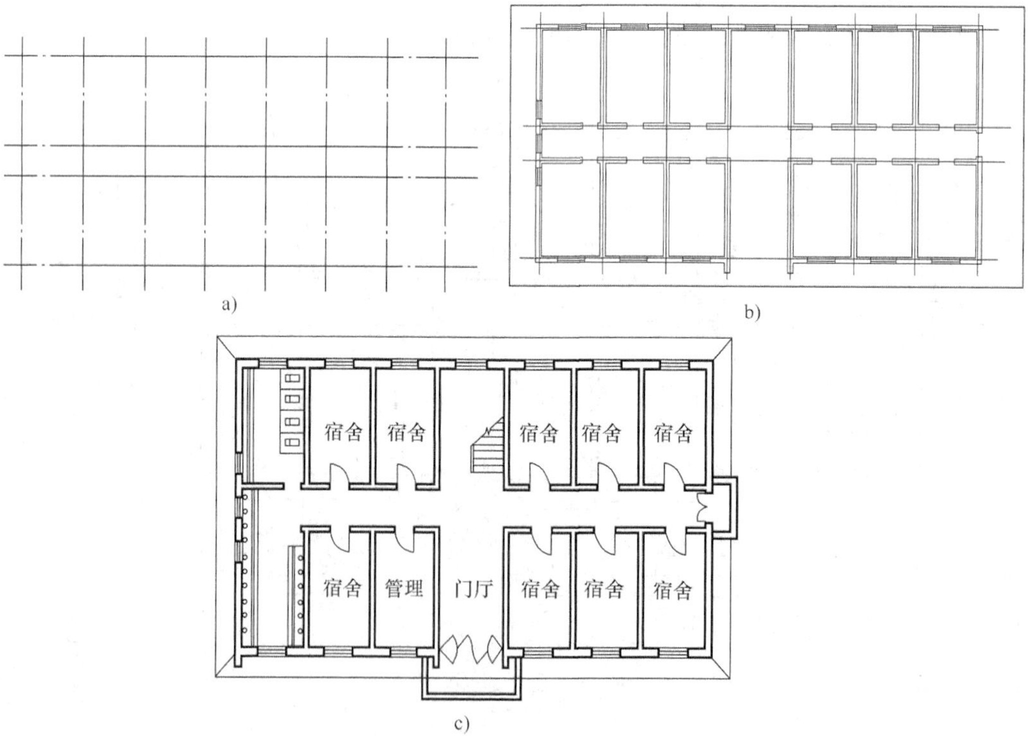

图 8-11　平面图的绘制

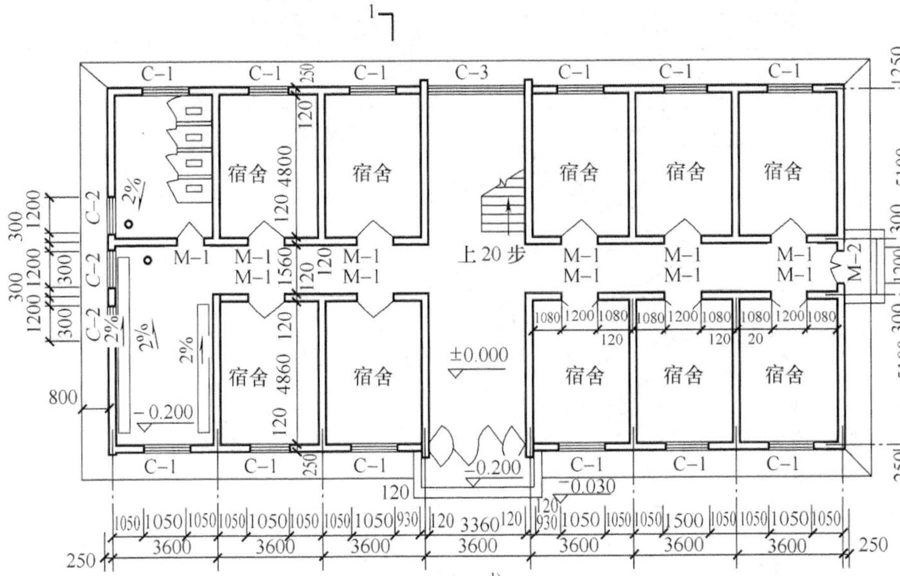

d)

图 8-11 （续）

5）经过检查无误后，擦去多余的作图线，按施工图的要求加深图线。

8.4 建筑立面图

8.4.1 建筑立面图的形成及作用

（1）形式　建筑立面图是建筑物外墙在平行于该外墙面的投影面上的正投影图。对于有定位轴线的建筑物，宜根据两端定位轴线编注立面图名称（如①～⑩立面图、④～⑥立面图）；无定位轴线的立面图，可按平面图各面的方向确定名称（如南立面图、东立面图），如图 8-12 所示。也有按建筑物立面的主次，把建筑物主要入口面或反映建筑物外貌主要特征的立面称为正立面图，从而确定背立面图的左、右侧立面图。

（2）作用　建筑立面图主要表明建筑物的体型和外貌，以及外墙面的面层材料、色彩，女儿墙的形式，线脚、腰线、勒脚等饰面做法，阳台的形式及门窗布置、雨水管位置等。

8.4.2 建筑立面图的图示内容和图示要求

现以图 8-13 中的①～⑧立面图来说明立面图的图示内容和图示要求。

1. 图示内容　①～⑧立面图是某学校学生宿舍楼的南立面图，采用 1∶100 的比例绘制，两端的定位轴线为①轴与⑧轴。

该建筑物为四层建筑，立面图上表达了外墙面上设置的门、窗形式及位置。从底层走廊到室外地面设有砖砌踏步，从图中可以看出阳台、窗台、屋顶的形式。

立面图上还注明了外墙面的装饰要求，如外墙面用白色水泥漆饰面。立面图上标注了室内外地面、各层阳台、窗台的标高，其内容与建筑剖面图相同。

2. 图示要求

（1）定位轴线　在立面图中一般只画出两端的轴线及其编号，以便与平面图对照识读。

（2）图线　一般立面图的外形轮廓线用粗实线表示；室外地面线用特粗实线绘制，阳

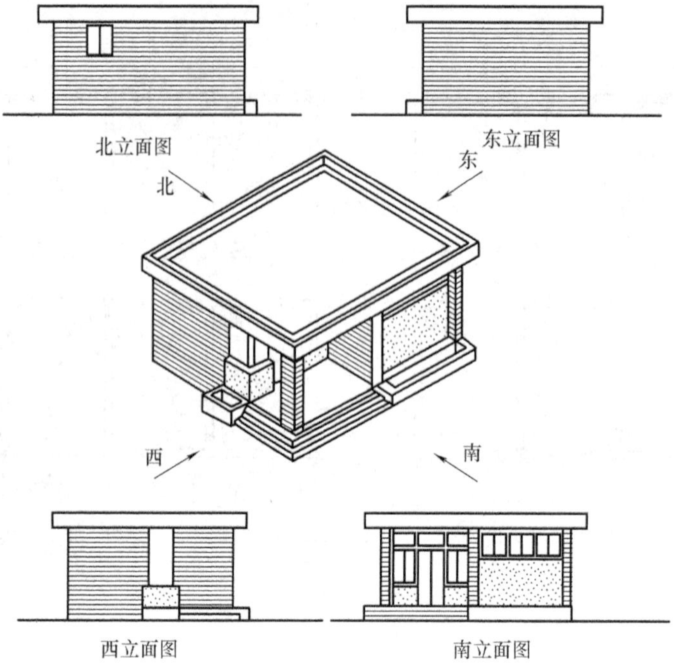

图 8-12　建筑立面图的形成

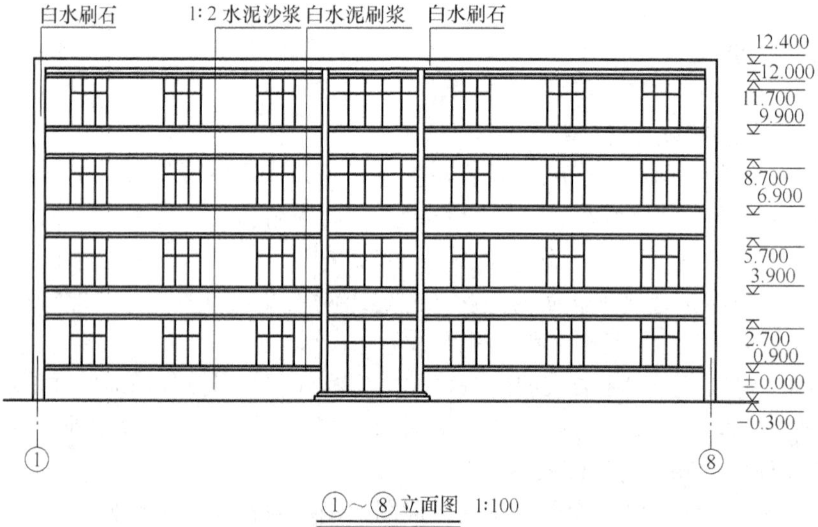

图 8-13　建筑立面图

台、雨篷、窗洞、台阶、花坛等轮廓线用中实线表示；门窗扇及其分格线、雨水管、墙面引条线、有关说明引出线、尺寸线、尺寸界线和标高等均用细实线表示。

（3）图例及符号　由于立面图的比例较小，所以门窗可按规定图例绘制。有时立面图中的阳台门和部分窗中画有斜的细线，那是门窗开启方向的符号。细实线表示外开，细虚线表示内开，开启线两条斜线的交点表示门窗转轴的位置。凡是门窗型号相同的，只要画其中一个就可以了，其余部分可只画出门窗洞口轮廓线。

有关详图索引符号的要求与平面图、剖面图相同。

（4）尺寸标注　立面图上一般应在室外地坪、室内地面、各层楼面、檐口、窗口、窗顶、雨篷底、阳台面等处注写标高，并宜沿高度方向注写各部分的高度尺寸。

（5）其他规定　平面形状曲折的建筑物可绘制展开立面图，圆形或多边形平面的建筑物可分段展开绘制立面图，但均应在图名后加注展开二字。较简单的对称式建筑物或对称的构配件等，在不影响构造处理和施工的情况下，立面图可绘制一半，并在对称轴线处画对称符号。

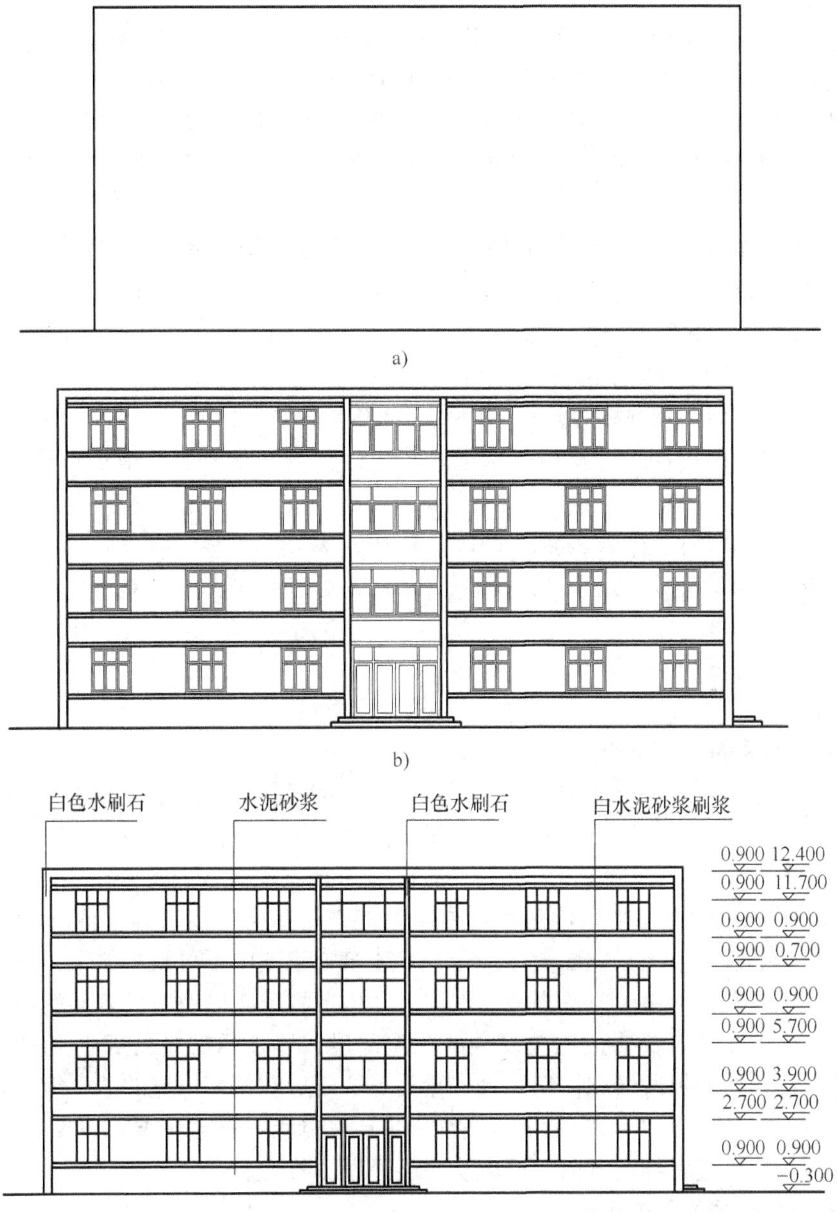

图 8-14　建筑立面图的绘制

a）画室外　b）绘制檐口、门窗洞口、窗台、雨篷、阳台、花池、花格窗、雨水管等

c）按施工要求加深图线，标注标高、图名、比例及有关文字说明

8.4.3 建筑立面图的读图方法

以图 8-13 为例阅读建筑立面图。

立面图阅读的主要内容有（并可按其顺序识读）：图名和比例，定位轴线，标高和尺寸标注，文字说明。

1）从图名或轴线的编号可知该图是表示房屋南向的立面图，其比例与平面图一样(1∶100)，以便对照阅读。

2）从图中可看到房屋一个立面的外貌形状，它的主入口在中间，前面有一个台阶。

3）从图中所标注的标高可知此房屋最低处（室外地坪）比室内 ±0.000 低 300mm，房屋的外墙总高度为 12.400m。标高一般注在图形外，并做到符号排列整齐、大小一致。房屋左右对称时，一般标注在左侧；不对称时，左右两侧均应标注。必要时为了更清楚起见，可标注在图内。

4）从图中的文字说明了解到房屋外墙面装修的做法，如外墙为 1∶2 水泥白灰沙浆粉面及分格，勒脚、门廊柱、窗间墙及女儿墙为白水刷石粉面，窗台、窗顶等为白水泥粉面。

8.4.4 建筑立面图的绘制方法

立面图一般按以下步骤绘制。

1）画室外地坪线、屋面线和外墙轮廓线，如图 8-14a 所示。

2）绘制檐口、门窗洞口、窗台、雨篷、阳台、花池、花格窗、雨水管等，如图 8-14b 所示。

3）经过检查无误后，擦去多余作图线，按施工要求加深图线，画出少量门窗扇、装饰、墙面分格线、轴线，并标注标高、图名、比例及有关文字说明，如图 8-14c 所示。

8.5 建筑剖面图

8.5.1 建筑剖面图的形成及作用

1. 形成　假想用一个垂直剖切平面把房屋剖开，将观察者与剖切平面之间的部分房屋移走，把留下的部分对平行于剖切平面的投影面作正投影，所得到的正投影图称为建筑剖面图，简称剖面图。

2. 作用　建筑剖面图用来表达建筑物内部垂直方向高度、楼层分层情况及结构形式和构造方式。它与建筑平面图、立面图相配合，是建筑施工图中不可缺少的重要图样之一。剖面图的剖切位置应在平面图上应选择能反映全貌和构造特征，以及有代表性的剖切位置，一般常取楼梯间、门窗洞口及构造比较复杂的典型部位，以表示房屋内部垂直方向上的内外墙、各楼层、楼梯间的梯段板和休息平台、屋面等的构造和相互位置的关系等。其数量应根据房屋的复杂程度和施工实际需要而定。两层以上的楼房一般至少要有一个楼梯间的剖面图。剖面图的剖切位置和剖视方向，可以从底层平面图找到。

8.5.2 建筑剖面图的图示内容

1. 比例　剖面图常用的比例为 1∶50、1∶100 和 1∶200，一般应尽量与平面图、立面图的比例相一致。但有时也可用较平面图稍大的比例。由于比例较小，剖面图中的门、窗等构件也采用国家标准规定的图例来表示。

2. 定位轴线　画出两端的轴线及编号，以便与平面图对照。有时也注出中间轴线。

3. 图线　剖切到的墙身轮廓画粗实线（b）；楼层、屋顶层在 1∶100 的剖面图中只画两条粗实线，在 1∶50 的剖面图中宜在结构层上方画一条作为面层的中粗线，而下方板底粉刷层不表示；室内外地坪线用加粗线（1.4 倍的粗实线）表示。可见部分的轮廓线如门窗洞口、踢脚板、楼梯栏杆、扶手等画中粗线（$0.5b$）；图例线、引出线、标高符号、雨水管等用细实线画出。

4. 投影要求　剖面图中除了要画出被剖切到的部分，还应画出投射方向能看到的部分。室内地坪以下的基础部分一般不在剖面图中表示，而在结构施工图中表达。

5. 图例　门、窗按规定图例绘制，砖墙、钢筋混凝土构件的材料图例与建筑平面图相同。

6. 尺寸标注　一般沿外墙标注三道尺寸线；最外面一道从室外地坪到女儿墙压顶，是室外地面以上的总高尺寸；第二道为层高尺寸；第三道为勒脚高度、门窗洞口高度、洞间墙高度、檐口厚度等细部尺寸。这些尺寸应与立面图相吻合。另外，还需要用标高符号标出各层楼面、楼梯休息平台等的标高。

7. 标高　标高有建筑标高和结构标高之分。建筑标高是指地面、楼面、楼梯休息平台面等完成抹面装修之后的上皮表面的相对标高。图 8-15 中的 ±0.000 是底层地面抹完水泥砂浆（压光）之后的表面高度，3.000、6.000、9.000 是其他各层面的标高。结构标高一般是指梁、板等承重构件的下皮表面（不包括抹面装修层的厚度）的相对标高。

8. 其他标注　某些局部构造表达不清楚时可用索引符号引出，另绘详图。细部如地面、楼面的做法，可用多层构造引出标注。

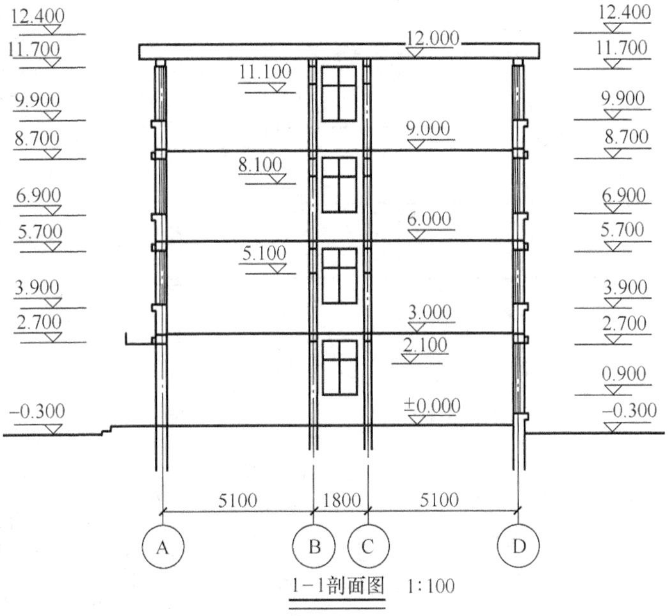

图 8-15　剖面图

8.5.3　建筑剖面图的读图方法

以图 8-15 为例阅读建筑剖面图。

剖面图阅读的主要内容分列如下：

1）首先阅读图名和比例，并查阅底层平面图上的剖面图的标注符号，明确剖面图的剖切位置和投射方向。

图 8-15 中图名是 1-1 剖面图。由图名就可在底层平面图（图 8-10）中查找编号为①的剖切符号，由剖视方向可知是向左剖视，也就是向西剖视。由此就可以按剖切位置和剖视方向，对照各层平面图和屋顶平面图来识读 1-1 剖面图。

在图名旁，标注了所采用的比例是 1∶100。

2）分析建筑物内部的空间组合与布局，了解建筑物的分层情况。从图中可以看出该建筑物高度方向共分为四层。

3）了解建筑物的结构与构造形式，墙、柱等之间的相互关系以及建筑材料和做法。

从图中可以看出该建筑物为平屋顶。结合图顺次识读室内外地面、楼面、屋顶、内外墙、门窗、雨篷等。

4）阅读标高和尺寸，了解建筑物的层高和楼地面的标高及其他部位的标高和有关尺寸。结合图查阅各部分的标高。

总之，阅读建筑剖面图时应以建筑平面图为依据，由建筑平面图到建筑剖面图，由外部到内部，由下到上，反复对照查阅，形成对房屋的整体认识，还可以得知各楼层、休息平台面、屋面、檐口顶面的标高尺寸。

8.5.4 建筑剖面图的绘制方法

如图 8-16 所示，剖面图一般按以下步骤绘制。

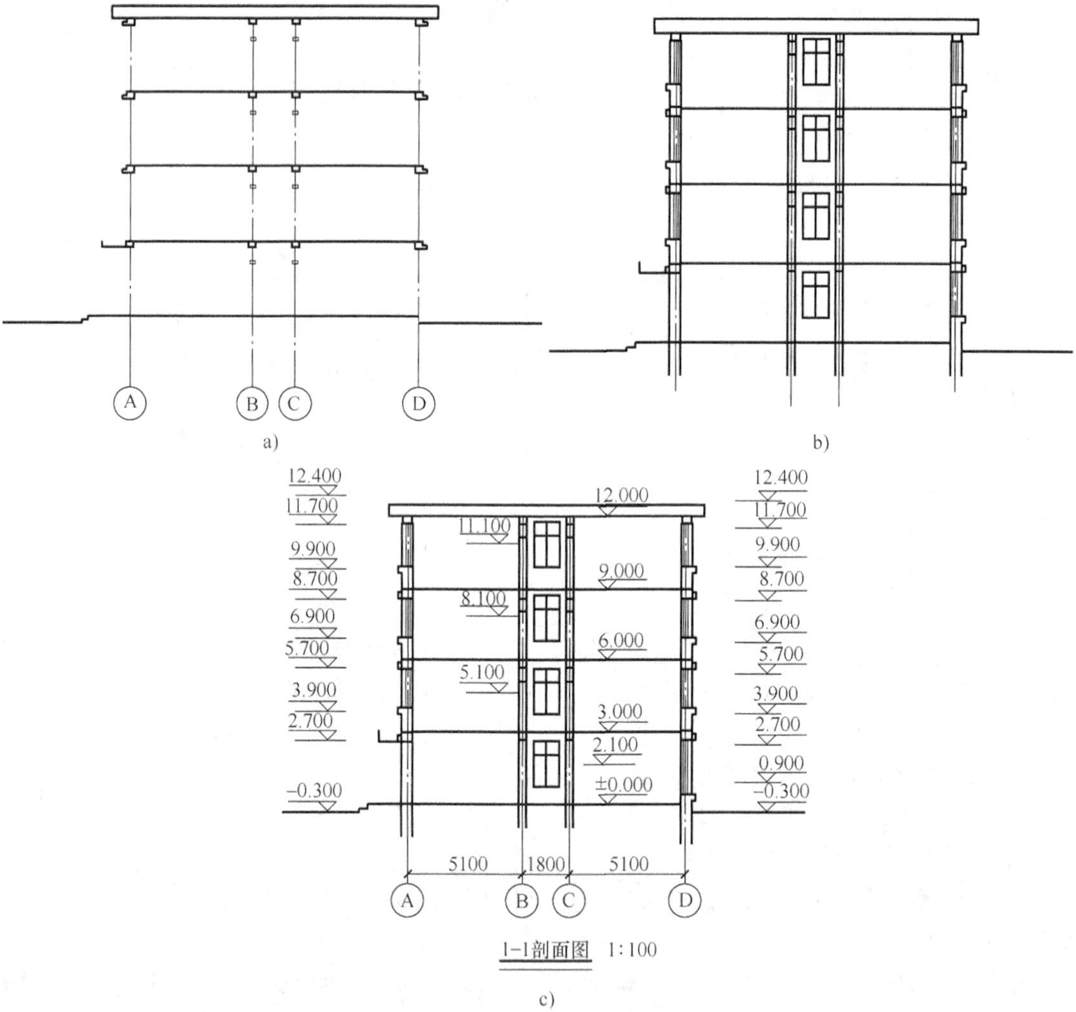

图 8-16 剖面图的绘制方法

a）绘制轴线、室内外地坪线、楼面线和顶棚线 b）绘制墙身、门窗洞、梁板、雨篷、檐口、屋面、台阶等 c）加深图线，画材料图例，注写标高、尺寸、图名、比例及有关文字说明

1）绘制轴线、室内外地坪线、楼面线和顶棚线。

2）绘制墙身门窗洞口、楼梯、梁板、雨篷、檐口、屋面、台阶等。

3）按施工图要求加深图线，画材料图例，标注标高、尺寸、图名、比例及有关文字说明。

8.6 建筑详图

8.6.1 建筑详图作用及要求

（1）作用 因为建筑平面图、立面图和剖面图一般采用较小的比例，在这些图上难以清楚表示建筑物某些部位的详细构造。根据施工需要，必须另外绘制比例大的图样，将某些建筑构配件（如门、窗、楼梯、阳台、雨水管等）及一些构造节点（如檐口、窗口、勒脚、明沟等）的形状、尺寸、材料、做法详细地表达出来。由此可见，建筑详图是建筑细部的施工图，是建筑平面图、立面图、剖面图等基本视图的补充和深化，是建筑工程的细部施工、建筑构配件的制作及编制预决算的依据。

（2）要求

1）对于套用标准图或通用图的建筑构配件和节点，只要注明所套用图集的名称、型号或页次（索引符号），就可不必再画详图。

2）对于建筑构造节点详图，除了要在平面图、立面图、剖面图中的有关部位绘注索引符号外，还应在详图上绘注详图符号或写明详图名称，以便对照查阅。

3）对于建筑构配件详图，一般只要在所画的详图上写明该建筑构配件的名称或型号，就不必在平面图、立面图、剖视图上绘索引符号了。

8.6.2 建筑详图的图示内容

1）图名（或详图符号）、比例。

2）表达出构配件各部分的构造连接方法及相对位置关系。

3）表达出各部位、各细部的详细尺寸。

4）详细表达构配件或节点所用的各种材料及其规格。

5）有关施工要求及制作方法说明等。

8.6.3 建筑详图示例

1. 墙身节点详图 墙身节点详图实际上是建筑剖面图的局部放大图，表达了房屋的屋面、楼面、地面和檐口的构造及其与墙身等其他构件的关系，还表明了门窗顶部、窗台、勒脚、散水（或明沟）等的构造，是施工的重要依据。

详图用较大的比例（如1:20）画出。画图时，往往在窗洞中间处断开，成为几个节点详图的组合。如果多层房屋中各层的情况一样时，可以只画底层、顶层或加一个中间层的详图。

详图的线型与剖面图一样，因为采用较大的比例，所以剖切到的断面上应画上规定的材料图例，墙身应用细实线画出粉刷层。

应用案例：墙身节点详图的阅读。

图8-17为学生宿舍的外墙节点详图。现以此为例，简要说明外墙节点详图表达的内容和方法。

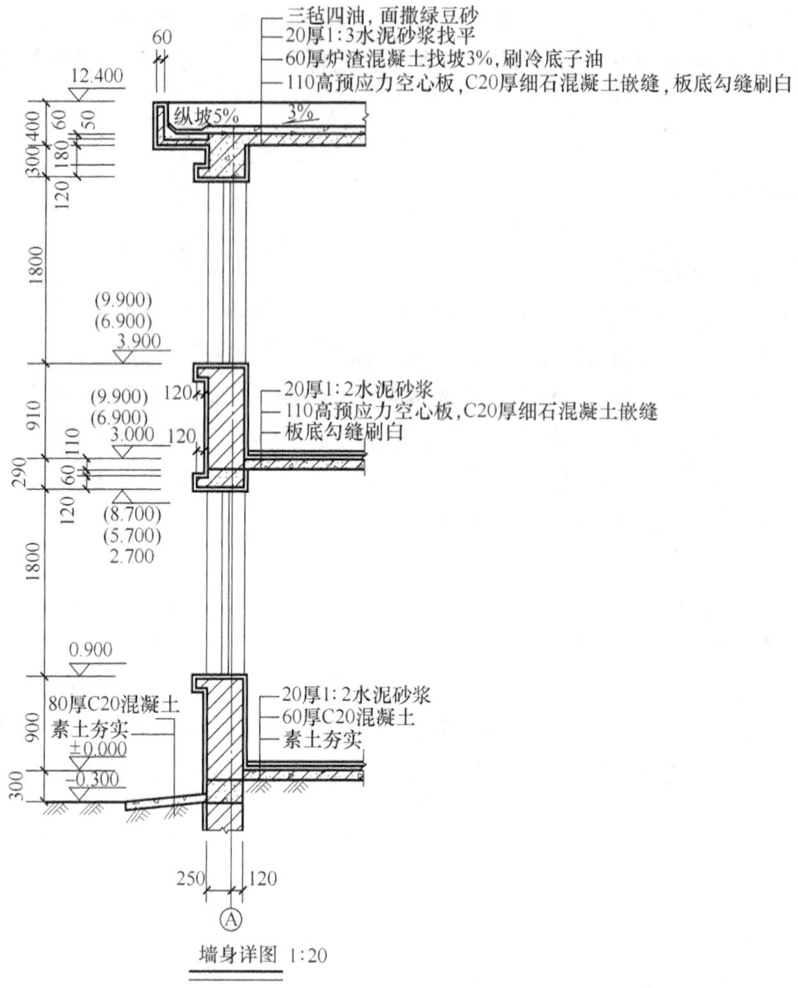

图 8-17　墙身详图

1）外墙剖面详图采用的比例为 1:20，从轴线符号可知为 *A* 轴线外墙身。

2）从檐口部分可以了解到屋面的承重层、女儿墙、挑檐的构造。例如在本详图中，屋面的承重层是高预应力空心板，60 厚炉渣混凝土找坡 3%，上有油毡防水层。

3）墙体采用普通砖砌筑，厚度为 370mm，窗过梁、压顶、防潮层、天沟、楼板等均为高预应力空心板制作。

在详图中，屋面、楼面、地面和挑檐的构造采用了多层构造说明方法表达出截面的层次、厚度及所用的材料、做法等，如图中的文字说明。

4）从楼板与墙身的连接部分可了解各层楼板（或梁）的搁置方向及与墙身的关系。在本例中，高预应力空心板是平行纵向布置的，因而它们是搁置在两端的横墙上。

5）从图中还可看到窗台、窗过梁（或圈梁）的构造情况。窗框和窗扇的形状和尺寸需另用详图表示。

6）从勒脚部分可知房屋外墙的防潮、防水和排水的做法。外（内）墙身的防潮层一般做到底层室内地面下 60mm 左右（指一般刚性地面）处，以防地下水对墙身的侵蚀。在外墙面离室外地面 300 ~ 500mm 高度范围内（或窗台以下），用坚硬防水的材料做成勒脚。在勒脚的外地面，用 1∶2 的水泥砂浆抹面，做出 2% 坡度的散水，以防雨水或地面水对墙基础的侵蚀。

在详图中，一般应标注出各部位的标高、高度和墙身的细部尺寸。图中标高注写两个以上的数字时，括号内的数字依次表示高一层的标高。

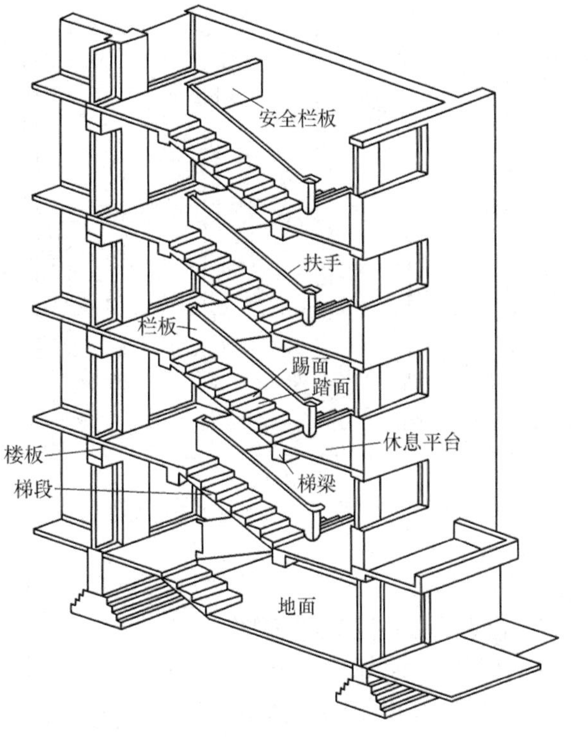

图 8-18　楼梯的组成

2. 楼梯详图　楼梯是多层房屋垂直交通的设施，类型多种多样。下面介绍的是一种常见的双跑平行楼梯。它是由楼梯段、平台和栏板（栏杆）组成，包括梯横梁、梯斜梁和踏步，如图 8-18 所示。踏步的水平面称为踏面；垂直面称为踢面。所谓梯段的级数，一般是指踏步数，就是一个梯段中踢面的总数，也是楼梯平面图中一个梯段的投影中实际存在的平行线条的总数。

楼梯的构造比较复杂，一般需另画详图，以表示楼梯的类型、结构形式、各部位尺寸及装修做法，是楼梯施工放样的主要依据。

楼梯详图包括平面图、剖面图、踏步和栏板（栏杆）节点详图。各详图应尽可能画在同一张图样上，平面图、剖面图比例应一致，一般为 1∶50；踏步、栏板（栏杆）节点详图比例要大一些，可采用 1∶10、1∶20 等。

楼梯详图的线型与相应的平面图和剖面图相同。

楼梯详图主要包括楼梯平面图和剖面图

（1）楼梯平面图　一般每一层楼都要画一个楼梯平面图。三层以上的房屋，若中间各层的楼梯位置及其梯段数、踏步数和大小都相同时，通常只画出底层、中间层和顶层三个平面图。三个平面图画在同一张图纸内，并互相对齐，以便阅读。楼梯平面图的剖切位置是在该层往上走的第一梯段（休息平台下）的任一位置处。各层被剖切到的梯段，按国家标准规定，均在平面图中一条 45°折断线表示。在每一梯段处画有一长箭头，并标注表示楼梯走向的上或下和步级数，表明从该层楼（地）面往上或往下走多少步级可达到上（或下）一层的楼（地）面。楼梯平面图用轴线编号表示楼梯间在建筑平面图中的位置，标注楼梯间的长宽尺寸、楼梯的跑（段）数、每跑的宽度、踏步步数、每一步的宽度、休息平台的平面尺寸及标高。在底层平面图应标注楼梯剖面图的剖切符号。

下面以图 8-19 为例说明楼梯平面图的识读步骤。

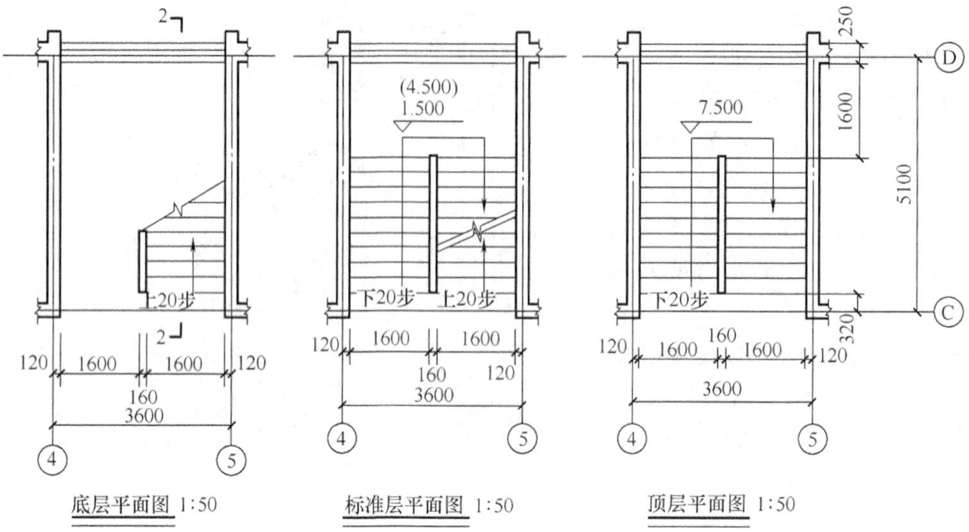

图 8-19 楼梯平面图

1）了解楼梯在建筑平面图中的位置及有关轴线的布置。

2）了解楼梯的平面形式和踏步尺寸。

3）了解楼梯间各楼层平台、休息平台面的标高。

4）了解中间层平面图中三个不同梯段的投影。

5）了解楼梯间墙、柱、门、窗的平面位置、编号和尺寸。

6）了解楼梯剖面图在楼梯底层平面图中的剖切位置。

（2）楼梯剖面图　楼梯剖面图是楼梯垂直剖面图的简称，其剖切位置应通过各层的一个梯段和门窗洞口，向另一未剖到的梯段方向投影所得到的剖面图，如图 8-20 所示。楼梯剖面图主要表达楼梯的梯段数、踏步数、类型及结构形式，表示各梯段、平台、栏杆等的构造及它们的相互关系。

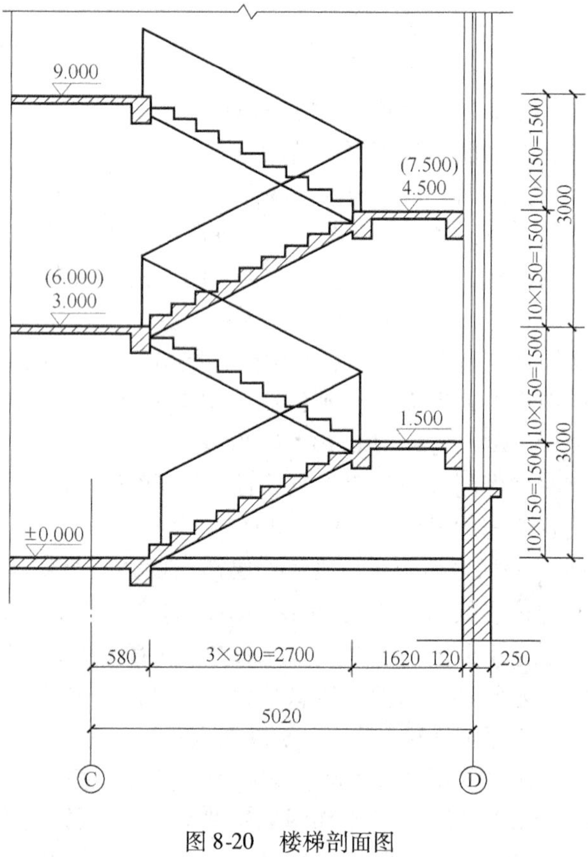

图 8-20 楼梯剖面图

8.7 工业厂房建筑施工图

工业厂房建筑施工图与民用建筑施工图在图示原理和图示方法上基本相同，但由于工业建筑与民用建筑在构造上有较大的差异，图样形式上也有一些不同。下面以某单层单跨工业厂房建筑体系的一个车间为例（图 8-21），说明单层单跨工业厂房的组成和其部分建筑施工图，以及工业厂房施工图的识读方法。

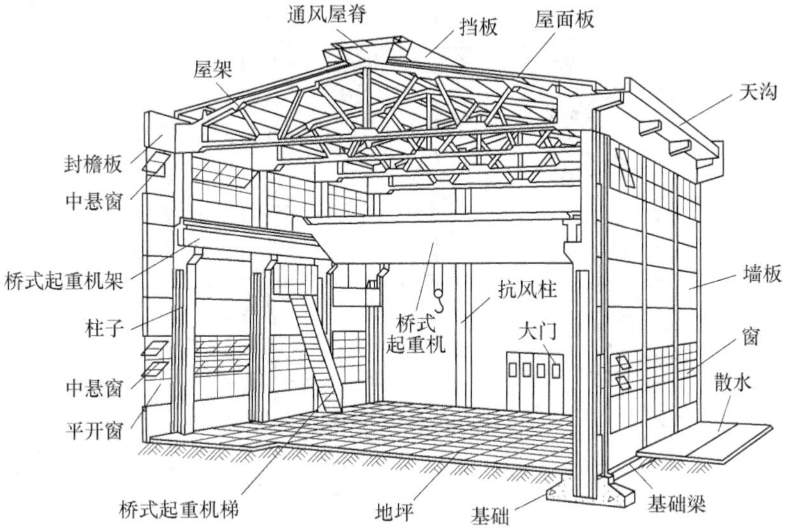

图 8-21 单跨工业厂房的组成与名称

8.7.1 工业厂房平面图

图 8-22 所示为某单层工业厂房平面图，从图中可知该厂房共有①～⑧八条横向定位轴线和Ⓐ、Ⓑ 两条纵向定位轴线，Ⓐ轴线后有附加轴线(1/A)和(2/A)；厂房柱距 6000mm，跨度 18000mm；轴线(1/A)和(2/A)为抗风柱的定位轴线，抗风柱柱距也为 6000mm；轴线②～⑦与柱中心线重合，①轴线与⑧轴线处柱向内侧位移，使柱中心线距离①轴线和⑧轴线为 600mm，Ⓐ轴线与Ⓑ轴线与柱外边缘平齐，抗风柱外边缘与①轴线和⑧轴线重合。Ⓐ轴线上④～⑤轴线柱距之间和右面山墙抗风柱中间分别安装有大门，门宽 3600mm，为了方便运输，门外设坡道，坡道宽 4600mm，长 1500mm。其余柱距间均设宽度为 3600mm 的侧窗，编号为 C-1、C-2，其中 C-2 是上排窗。厂房内设桥式起重机，桥式起重机的最大起重吨位为 5t，轨道间距离为 16.5m（$LK=16.5$m）。柱内侧的粗单点长划线表示桥式起重机轨道的位置，也是桥式起重机梁的位置，上下桥式起重机的工作钢梯设在②～③开间的Ⓐ轴线墙内沿，其构造详图从 J410 图集选用。厂房内地面分格线距离为 6m。柱截面为矩形，尺寸 600mm × 400mm，索引符号(5/4)表示柱与山墙的连接做法在第 4 张施工图的 5 号详图。室内标高为 ±0.000，室外标高为 −0.150，表示室内外高差是 0.15m。厂房剖面图的剖切符号在④～⑤轴线间。

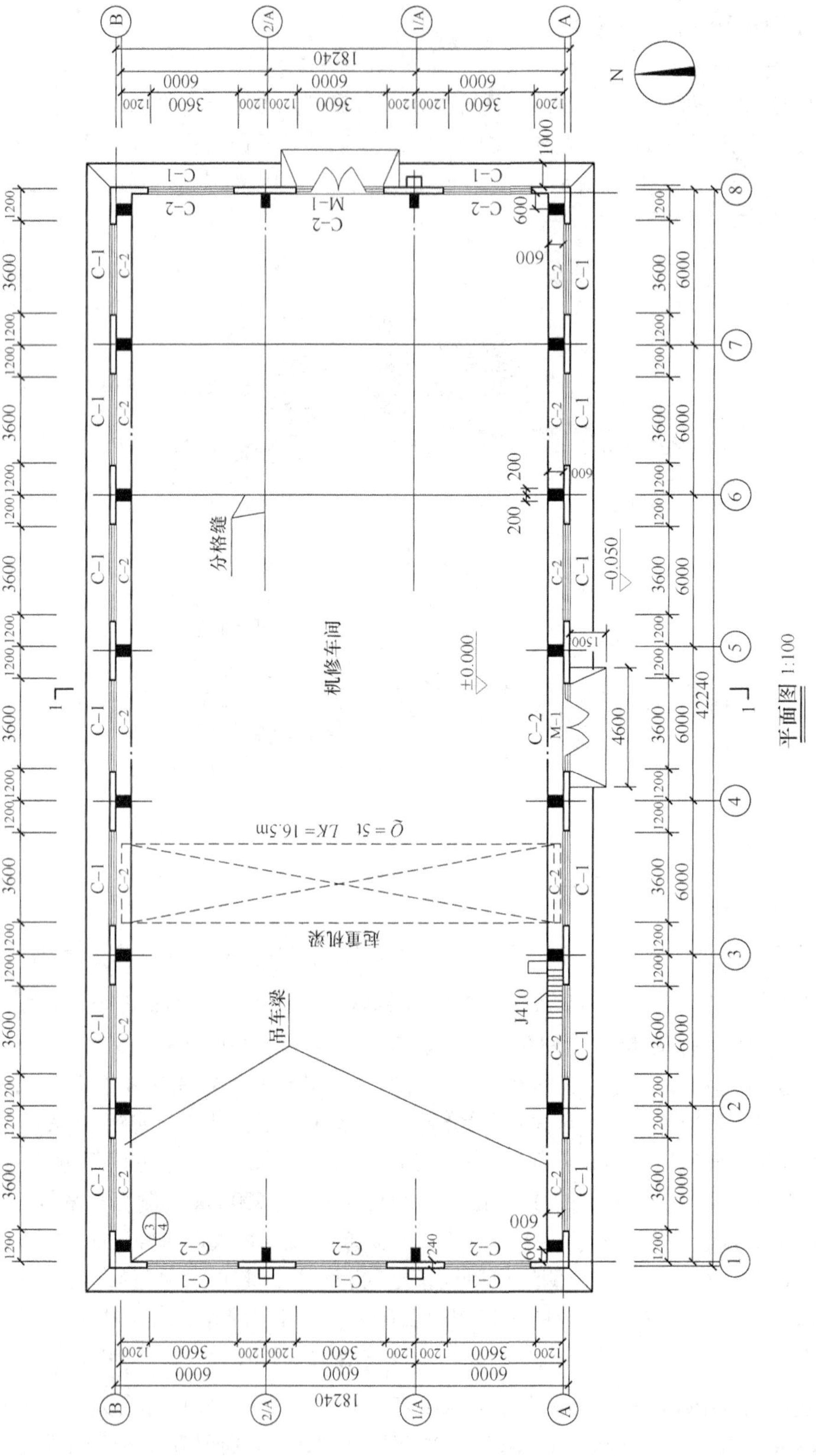

图 8-22 单层工业厂房平面图

8.7.2 工业厂房立面图

图 8-23 为某机修车间南立面图。从南立面图可知 C-1、C-2、M-1 的形状，雨水管的位置在③、⑥轴线的外墙外侧，以及厂房上部的天窗形状。从左侧标高看到 C-1 标高为 0.900 和 4.500，表示 C-1 洞高 3.6m，C-2 标高为 6.300 和 8.300，表示 C-2 洞口高 2m。室外地坪标高为 -0.150，女儿墙顶标高 10.600，表示厂房高度为 10.75m。外装修为白色外墙面砖，索引符号$\frac{4}{4}$与$\frac{5}{4}$表示雨篷和坡道做法见第 4 张施工图的 4 号和 5 号详图。图 8-24 为该厂房的西立面图，从图上可知屋面检修梯及离地面的高度 1500mm。

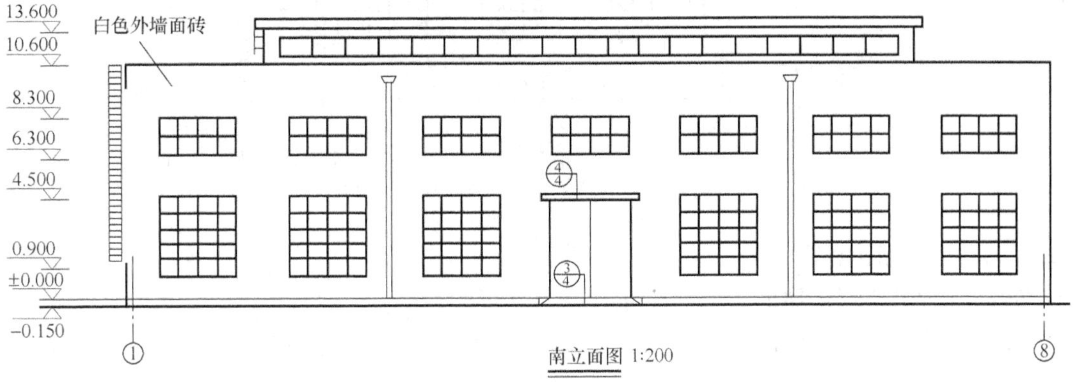

图 8-23 单层工业厂房西立面图

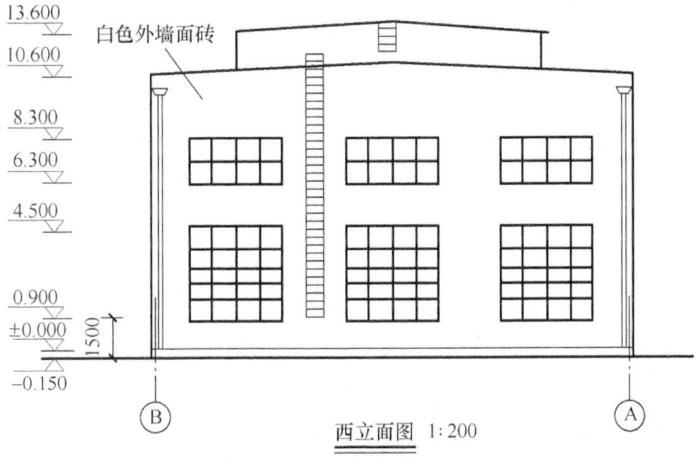

图 8-24 单层工业厂房南立面图

8.7.3 工业厂房剖面图

图 8-25 是该工业厂房的剖面图，其剖切位置从平面图 8-22 上可知在④~⑤轴线中间，将④轴线的 M-1 和 C-1 剖断，以及厂房地面、屋面天窗全部剖开，剖视方向向左。图 8-25 中可看到带牛腿柱子的侧面，T 形桥式起重机梁放在柱子的牛腿上，桥式起重机架设在桥式起重机梁的轨道上（桥式起重机用立面图例表示），以及山墙上的抗风柱。从图 8-25 中还看到屋架为梯形屋架，上面布置槽形屋面板，两端有天沟板，屋架中间上部设有矩形天窗、三角形屋架，天沟的做法详见第 4 张施工图的 7 号详图，即图 8-26b。Ⓐ轴线墙上的 M-1 和 C-2 都被剖切到，可看到雨篷的形状。雨篷梁的底标高为 4.000m，表示 M-1 洞口高 4m。C-1 洞

高 3.6m，C-2 洞高 2.0m。对剖面图中的主要尺寸（如柱顶、轨顶标高、室内外地面的标高、门窗洞口的标高、女儿墙顶的标高、天窗的标高等）应仔细阅读。

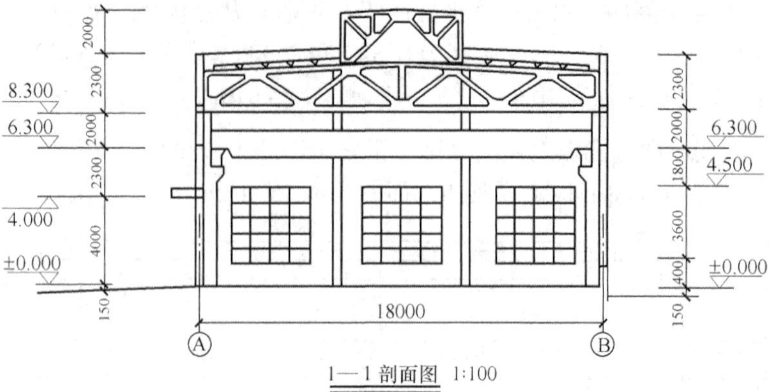

图 8-25　单层厂房剖面图

8.7.4　厂房施工图详图

图 8-26 为某单层厂房的三个节点详图。

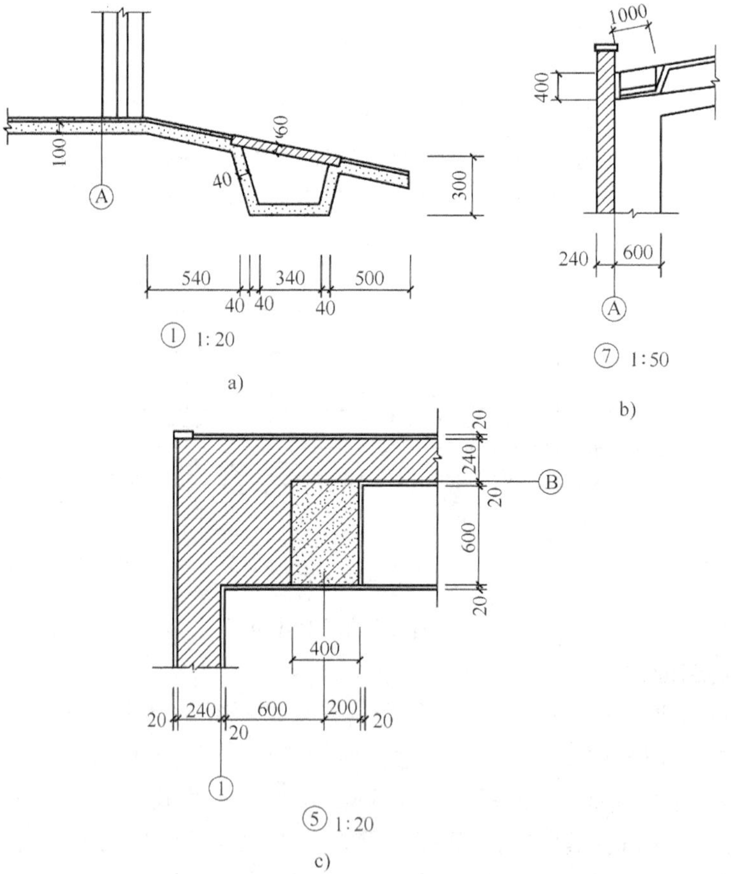

图 8-26　单层厂房详图

a）详图 1　b）详图 7　c）详图 5

图 8-26a 表示大门坡道处的排水做法。从图中可知，在坡道下方距离门 540mm 处用混凝土做明沟，沟宽 340mm，高度 300mm，混凝土壁厚 40mm，上盖 60mm 厚的沟盖板。

图 8-26b 表示天沟的做法。从图中可以看到，天沟板截面宽 1000mm，高 400mm，放在屋架上面，纵墙内侧，纵墙的厚度为 240mm。屋架上扣槽形板。

图 8-26c 表示端柱与山墙的关系。从图中可知山墙厚 240mm，端柱截面尺寸为 400mm × 600mm，端柱中心线距离①轴线 600mm。

第 9 章　结构施工图

任何一幢建筑物都是由基础、墙体、柱、梁、楼板或屋面板等构件所组成的。这些构件承受着建筑物的各种荷载，并按照一定的构造和连接方式组成一个空间结构体系，这种结构体系称为建筑结构。

建筑结构由上部结构和下部结构组成。上部结构有墙体、柱、梁、板及屋架等构件，下部结构有基础和地下室等。建筑结构按照主要承重构件所采用的材料不同，一般可分为钢筋混凝土结构、钢结构、砖混结构、木结构及砖石结构五大类。目前我国最常用的是钢筋混凝土结构和砖混结构，而钢结构以其自重小、承载力大、抗震性能好等特点也得到了极大的普及和推广。图 9-1 所示为内框架结构示意图，说明了基础、柱、梁、板等构件在房屋中的位置及相互关系。

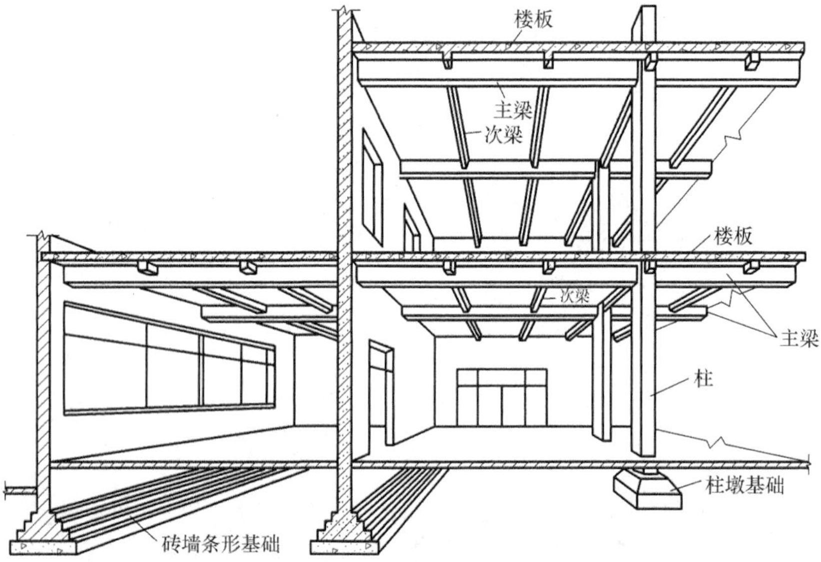

图 9-1　内框架结构示意图

要设计一幢房屋，除了从事建筑设计的人员面对建筑施工图外，从事结构设计的人员也要按照建筑设计各方面的要求进行结构设计，包括结构平面布置、各承重构件（如基础、柱、梁、板、墙体等）的力学计算，在计算的基础上决定各承重构件的具体形状、大小、所用材料、内部构造及它们之间的相互关系，最后将设计成果绘制成图样，用以指导施工（如施工放线、混凝土浇筑及梁、板的安装等）。这种图样称为结构施工图，简称结施。

9.1　概述

9.1.1　结构施工图内容

结构施工图的内容包括结构设计说明、结构平面布置图和构件详图三部分。

1. 结构设计说明　结构设计说明是用文字的形式表达结构设计依据、结构材料要求、选用的标准图、施工的特殊要求及地基情况等。结构设计说明是结构施工图的纲领性文件，主要内容包括：

1）采用现行的有关国家标准、规范及条文等。

2）选用结构材料的类型、规格及强度等级等。

3）地基承载力、地下水位、地震烈度和抗震设防等，若遇不良地基应提出地基的处理方案。

4）建筑物各部位设计荷载的选用。

5）施工要求和质量标准。

6）选用的标准图集及有关构造做法的说明。

需要重点说明的是，为了全面而准确地阅读结构施工图，在阅读结构施工图前必须认真阅读结构设计说明。为使初学者对结构设计说明有一个比较全面的认识，下面将某建筑的结构设计说明摘录如下：

结构设计说明

（一）工程概况

1. 本工程结构体系为砖混结构。

2. 抗震设防类别为丙类建筑，建筑结构安全等级为二级。

3. 建筑场地类别为二类，本建筑主体结构按 6 度抗震设防设计。

4. 该设计说明中未注明事宜，均按国家现行施工验收规范中的有关规定施工。

（二）基础部分

1. 本工程以石灰岩作为地基持力层，地基承载力特征值取 450kPa。

2. 基槽开挖后应通知勘察设计人员验槽，如遇特殊情况另行处理。

3. 本工程采用钢筋混凝土条形基础，基础底板保护层厚 40mm，梁、柱为 35mm。

4. 材料：混凝土 C25；墙体：烧结普通砖 MU10；水泥砂浆 M10；钢筋：Ⅰ级钢筋为 HPB300，Ⅲ级钢为 HRB400，基础底部做 C10 素混凝土垫层 100mm。

（三）上部结构

1. 材料：烧结普通砖 MU10；混合砂浆 M10。

2. 混凝土 C25；Ⅰ级钢筋为 HPB300，Ⅲ级钢为 HRB400，钢筋保护层厚：梁 25mm，板 15mm，柱 30mm。

3. 承重墙楼层处均设圈梁，圈梁转角及高低圈梁交接处做法见详图集。

本工程中的混凝土构造柱在施工中应按构造柱的要求进行。与承重墙相连的柱应先砌墙，后浇柱，构造柱与砖墙连接处应砌成马牙槎，其构造详图见图集。

4. 图中现浇板未注明的分布钢筋为ϕ6@200。未经设计人员许可，不得在楼板、梁柱上任意开洞口。

5. 结构图中梁、柱的断面及配筋表示按国标图集平面整体表示法标注。

2. 结构平面布置图　结构平面布置图表示了承重构件的布置情况、类型、数量及现浇板的钢筋配置情况等，主要内容如下：

1）基础平面图（工业建筑还包括设备基础布置图）。

2）楼层结构平面布置图（工业建筑还包括柱网、吊车梁、联系梁及柱间支撑的布置等）。

3）屋顶结构平面布置图（工业建筑还包括屋面板、屋架、天窗架及屋面支撑系统的布置等）。

3. 构件详图　构件详图表示构件的形状、大小、所用材料的强度等级和制作安装要求等，主要内容如下：

1）基础、柱、梁、板等构件详图。

2）楼梯结构详图。

3）其他结构详图，如挑檐、天沟、雨篷等。

9.1.2　钢筋混凝土结构简介

混凝土由水泥、砂子、石子和水按一定比例配合后，浇筑在模板内，经震捣密实和养护而形成的一种人造石材。凝固后的混凝土构件具有较高的抗压强度，但抗拉强度很低，容易因受拉而断裂。为了提高混凝土构件的抗拉能力，常在混凝土构件的受拉区域内配置一定数量的钢筋，使两种材料黏结成一个整体，共同承受外力。这种配有钢筋的混凝土称为钢筋混凝土。

用钢筋混凝土制成的基础、柱、梁、板等构件称为钢筋混凝土构件。钢筋混凝土构件根据其浇筑位置的不同分为两种，一种是在各构件所在位置直接浇筑的，称为现浇钢筋混凝土构件；另一种是在预制构件厂（或工地现场）预先制作好，然后进行运输与吊装的，称为预制钢筋混凝土构件。此外，为了提高构件的抗拉和抗裂性能，在构件制作时，通过张拉钢筋对混凝土预加一定的压力（施工工艺分为先张法和后张法），这种构件称为预应力钢筋混凝土构件。

1. 钢筋等级和混凝土的强度等级

1）根据生产加工方法的不同，钢筋可分为热轧钢筋、冷拉钢筋和预应力钢筋。建筑工程中，普通钢筋的屈服强度标准值f_{yk}、极限强度标准值f_{stk}应按表 9-1 选用。

表 9-1　普通钢筋强度标准值

牌号	符号	公称直径 d/mm	屈服强度标准值 f_{yk}/（N/mm²）	极限强度标准值 f_{stk}/（N/mm²）
HPB300	Φ	6～22	300	420
HRB335 HRBF335	Φ $Φ^F$	6～50	335	455
HRB400 HRBF400 RRB400	Φ $Φ^F$ $Φ^R$	6～50	400	540
HRB500 HRBF500	Φ $Φ^F$	6～50	500	630

2）混凝土的强度等级应按立方体抗压强度标准值确定。立方体抗压强度标准值是指按照标准方法制作养护的边长为 150mm 的立方体试件，28d 龄期时用标准试验方法测得的具有 95% 保证率的抗压强度。

混凝土按抗压强度的不同分为 14 个强度等级，即 C15，C20，C25，C30，C35，C40，

C45，C50，C55，C60，C65，C70，C75 和 C80。

素混凝土结构的混凝土强度等级不应低于 C15；钢筋混凝土结构的混凝土强度等级不应低于 C20；采用强度等级 400MPa 及以上的钢筋时，混凝土强度等级不应低于 C25。预应力混凝土结构的混凝土强度等级不宜低于 C40，且不应低于 C30。承受重复荷载的钢筋混凝土构件，混凝土强度等级不应低于 C30。

2. 钢筋的分类和作用　钢筋混凝土构件中所配置的钢筋，有的是因为受力需要而配置的，有的是因为构造需要而配置的。这些钢筋的形状和作用各不相同，一般可分为下列几种，如图 9-2 所示。

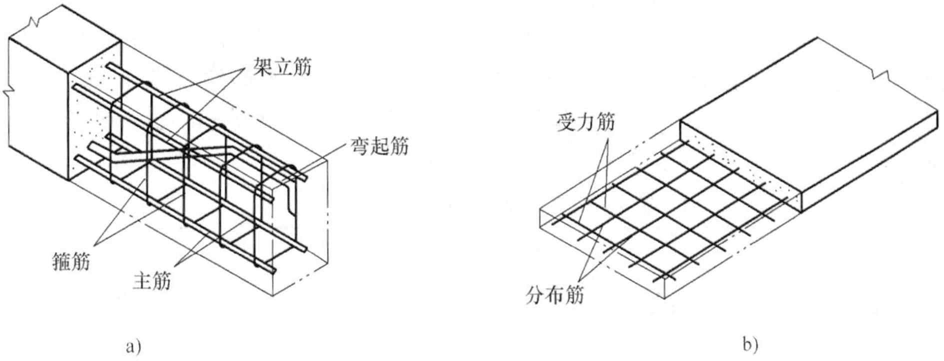

图 9-2　钢筋的分类

a）梁所配置的钢筋　b）板所配置的钢筋

（1）受力筋（主筋）　受力筋是钢筋混凝土构件中主要的受力钢筋。根据受力筋所承受力的情况分为：承受压力的称为受压筋，承受拉力的称为受拉筋，根据受力筋的形状还分为直筋和弯起筋两种。

（2）箍筋（钢箍）　箍筋的主要作用是抵抗剪力，加强受压钢筋的稳定性，同时可固定受力钢筋的位置，一般用于梁和柱内。

（3）架立筋　架立筋用以固定梁内箍筋和受力筋的位置，位于梁的上部，构成梁内的钢筋骨架。

（4）分布筋　分布筋与板内的受力筋垂直布置，固定受力钢筋的位置，将承受的荷载均匀地传给受力筋，与板内的受力筋一起构成钢筋骨架，主要用于基础、屋面板、楼板、雨篷等构件的板内。

（5）其他钢筋　因构件构造要求或施工安装需要而配置的构造钢筋，如腰筋（用于高断面梁中）、预埋在构件中的锚固筋（用于钢筋混凝土柱，与墙砌在一起，起拉结作用，又称为拉结筋）、吊环等。

9.1.3　结构施工图的相关规定

1. 钢筋的弯钩　当构件中受力筋采用光圆钢筋时，为了增强钢筋与混凝土之间的黏结力，通常将钢筋的两端做成弯钩，避免钢筋在受拉时发生滑动。钢筋端部的弯钩通常有三种形式：斜弯钩、半圆弯钩和直角弯钩如图 9-3 所示。

钢筋弯钩尺寸在图中不予标注。由于螺纹钢筋的表面比较粗糙，能与混凝土产生很强的黏结力，故两端一般不设弯钩。

2. 钢筋的保护层　为了防止钢筋锈蚀，增强钢筋与混凝土之间的粘结力及钢筋的防火

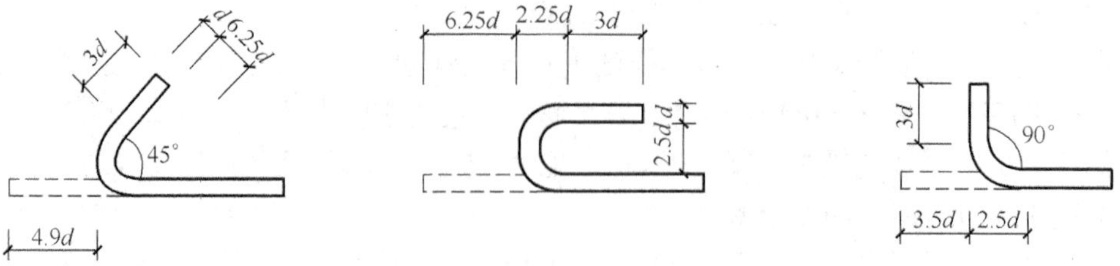

图 9-3　钢筋的弯钩形式

a）斜弯钩　b）半圆弯钩　c）直角弯钩

能力，在钢筋混凝土构件中钢筋的外边缘至构件表面应留有一定厚度的混凝土，称为保护层。构件中普通钢筋及预应力筋的混凝土保护层厚度不应小于钢筋的直径 d，设计使用年限为 50 年的混凝土结构，最外层钢筋的保护层厚度应符合表 9-2 的规定；设计使用年限为 100 年的混凝土结构，应符合表 9-2 中数值的 1.4 倍。

表 9-2　混凝土保护层的最小厚度 *c*　　（单位：mm）

环境类别	板、墙、壳	梁、柱、杆
一	15	20
二 a	20	25
二 b	25	35
三 a	30	40
三 b	40	50

注：1. 混凝土强度等级不大于 C25 时，表中保护层厚度数值应增加 5mm。

2. 钢筋混凝土基础宜设置混凝土垫层，基础中钢筋的保护层厚度应从垫层顶面算起，且不应小于 40mm。

3. 钢筋的图例　在结构施工图中，通常用单根的粗实线表示钢筋的立面，用黑圆点表示钢筋的横断面。结构施工图中常用的钢筋图例见表 9-3。

表 9-3　结构施工图中常用的钢筋图例

名称	图例	说明
钢筋横断面	●	
无弯钩的钢筋端部		表示长短钢筋投影重叠时，可在短钢筋的端部用 45°短画线表示
预应力钢筋横断面	+	
预应力钢筋或钢绞线		用粗双点画线
无弯钩的钢筋搭接		
带半圆形弯钩的钢筋端部		

（续）

名称	图例	说明
带半圆形弯钩的钢筋搭接		
带直弯钩的钢筋端部		
带直弯钩的钢筋搭接		
带丝扣的钢筋端部		
套管接头（花篮螺栓）		

4. 常用构件代号　建筑工程中所使用的钢筋混凝土构件种类繁多，为了使构件区分清楚，便于设计、施工和识读，将构件的名称用代号表示。表示方法为：构件名称的汉语拼音第一个字母用大写表示，见表9-4。

表9-4　常用构件代号

序号	名称	代号	序号	名称	代号
1	板	B	22	屋架	WJ
2	屋面板	WB	23	托架	TJ
3	空心板	KB	24	天窗架	CJ
4	槽形板	CB	25	框架	KJ
5	折板	ZB	26	刚架	GJ
6	密肋板	MB	27	支架	ZJ
7	楼梯板	TB	28	柱	Z
8	盖板或沟盖板	GB	29	基础	J
9	挡雨板或檐口板	YB	30	设备基础	SJ
10	吊车安全走道板	DB	31	桩	ZH
11	墙板	QB	32	柱间支撑	ZC
12	天沟板	TGB	33	水平支撑	SC
13	梁	L	34	垂直支撑	CC
14	屋面梁	WL	35	梯	T
15	吊车梁	DL	36	雨篷	YP
16	圈梁	QL	37	阳台	YT
17	过梁	GL	38	梁垫	LD
18	联系梁	LL	39	预埋件	M
19	基础梁	JL	40	天窗端壁	TD
20	楼梯梁	TL	41	钢筋网	W
21	檩条	LT	42	钢筋骨架	G

注：预应力钢筋混凝土构件代号，应在构件代号前加注“Y-”，例如Y—KB表示预应力钢筋混凝土空心板。

9.2　基础施工图

9.2.1　基础图的基本概念、形式

基础图是建筑物室内地面以下承重结构的施工图，包括基础平面图、基础详图和文字说

明三部分。它是施工放线、开挖基坑、基础施工和计算基础工程量的重要依据。

1. 基本概念　如图 9-4 所示，以砖砌条形基础为例介绍基础图的几个基本概念。

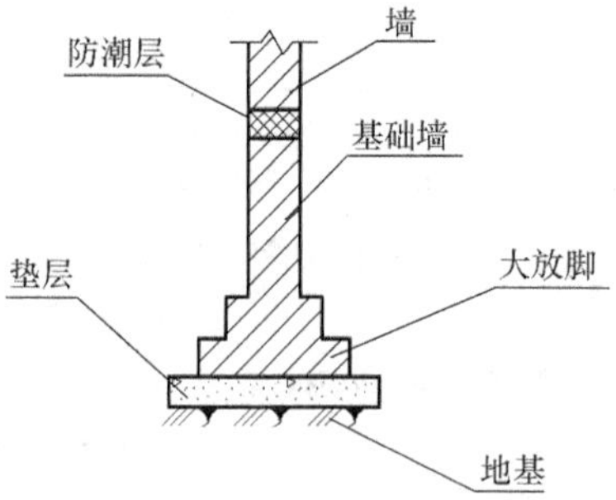

图 9-4　砖砌条形基础的组成

（1）基础　基础是建筑物下部的承重构件，承受建筑物上部结构（柱和墙）传来的全部荷载，并把荷载传递给下部的地基，在建筑结构中起着上承下传的作用，是建筑物的一个组成部分。

（2）地基　基础下部的土层受到建筑物的荷载作用后，其原先的应力状态就会发生变化，使土层产生附加应力和变形，并随着深度增加而向四周土中扩散并逐渐减弱，建筑工程中把附加应力和变形不能忽略的那一部分土层称为地基。建筑物的地基是有一定深度和范围的。

（3）垫层　把基础传递来的荷载均匀传递给地基的结合层，称为垫层。

（4）基础墙　把条形基础埋入 ±0.000 以下部分的墙体称为基础墙。

（5）大放脚　当采用砖基础墙和砖基础时，把在基础墙和垫层之间做成逐渐放大的阶梯形的砖砌体称为大放脚。

（6）防潮层　为了防止地下水因毛细水作用上升而腐蚀上部的墙体，常在室内地面以下（-0.060）处设置一层能防水的建筑材料来隔潮，这一层称为防潮层。

（7）基坑　基坑是为基础施工而在地面开挖的土坑，坑底就是基础的底面，基坑的边线即施工时测量放线的灰线。

（8）基础的埋置深度　基础的埋置深度是指基础底面至地面（一般指室外地面）的垂直高度。

2. 基础的形式　根据上部结构的结构形式和地基承载力大小可将基础的形式划分为：如果房屋的上部结构由墙承重时，基础一般采用墙下条形基础（或墙下桩基础），如图 9-5a 所示；如果房屋的上部结构由柱子承重时，基础一般采用柱下独立基础（或柱下条形基础、柱下交叉基础、柱下桩基础），如图 9-5b、c 所示。此外，还有筏形基础、箱形基础等。

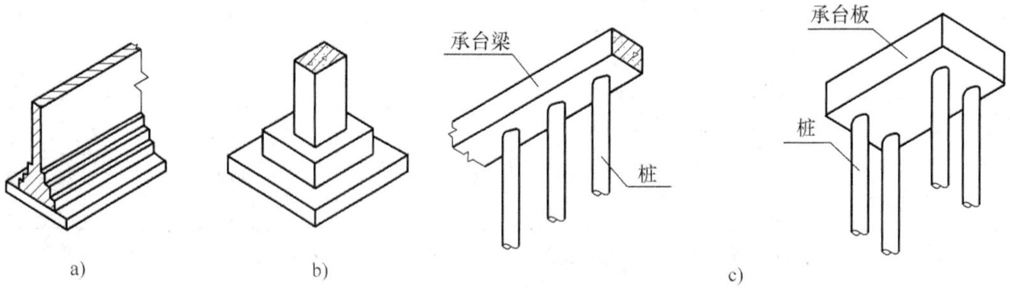

图 9-5　基础的形式

a）条形基础　b）独立基础　c）桩基础

根据所使用的材料不同，基础还可分为砖基础、毛石基础、素混凝土基础、毛石混凝土基础和钢筋混凝土基础等。

9.2.2 基础平面图

1. 基础平面图的形成　基础平面图是用一假想水平剖切平面沿建筑物底层室内地面以下适当位置进行剖切，然后移去上部建筑物及基础两侧的回填土，作剩余部分的水平正投影，就得到基础平面图。

基础平面图常采用1∶100的比例绘制，在平面图中只画出剖切到的基础墙（或柱）及基础底面垫层的外边线。至于基础的细部轮廓（或大放脚）投影则省略不画。

凡剖切到的基础墙、柱的轮廓线用粗实线表示；未剖切到的可见轮廓线（垫层外边线）用细实线表示；地沟、预留孔洞等不可见轮廓线用细虚线表示；当基础墙内设有基础圈梁时，应用粗单点画线表示。

2. 基础平面图的内容　基础平面图的主要内容有：

1）图名，比例，纵向、横向定位轴线及编号。

2）基础平面布置，即基础墙、柱、基础底面的形状（大小）与定位轴线的关系。

3）基础梁的位置与编号。

4）基础断面图的剖切位置线及编号。

5）基础的定形尺寸、定位尺寸和轴线间尺寸。

6）地沟与孔洞。由于给水排水的要求，常常设置地沟或在地面以下的基础墙上预留孔洞。在基础平面图中用虚线表示地沟或孔洞的位置，并注明其大小及孔洞的标高。

7）必要的施工说明。

8）当基础底面标高有变化时，应在基础平面图对应部位附近画一段垫层的垂直剖面图，用来表示基底标高的变化，并标出基底的标高。

3. 基础详图　基础平面图只表明了基础的平面布置，而基础各部分的详细构造还没有表达出来，这就需要画出各部分的基础详图。

所谓基础详图，就是沿基础的某一处铅垂剖切所得到的断面图，该断面图详细地表示出基础的断面形状、尺寸、与轴线的关系、基础底面标高、材料及其他构造做法。其主要内容如下：

1）图名（或基础代号）、比例。

2）基础断面图中轴线及其编号（若为通用断面图，则轴线圆圈内不予编号）。表明轴线与基础各部位的相对位置，标注出大放脚、基础墙、基础圈梁与轴线的关系。

3）基础的断面形状、大小、材料以及配筋情况。

4）基础梁（或圈梁）的高度、宽度以及配筋情况。

5）基础断面的详细尺寸和室内外地面、基础垫层底面的标高。

6）防潮层的位置和做法。

7）必要的施工说明。

4. 基础施工图的绘制

基础施工图主要包括基础平面图和基础详图。

（1）基础平面图

①　先按比例（用比例为1∶100或1∶200）画出与房屋建筑平面相同的轴线及编号。

②　用粗线画出墙（或柱）的边线，用细实线画出基础底边线。习惯上不画大放脚的水平投影。

③ 画出不同断面的剖切符号，并分别编号。

④ 标注尺寸：主要标注纵向及各轴线之间的距离、轴线到基础底边和墙边的距离以及基坑宽和墙厚等。

⑤ 注写必要的文字说明，如混凝土、砖、砂浆的强度等级和基础埋置深度。

⑥ 设备较复杂的房屋，在基础平面图上还要配合采暖通风图、给水排水管道图、电气设备图等，用虚线画出管沟、设备孔洞的位置，注明其内径、宽、深尺寸和洞底标高。

（2）基础详图

基础详图常用1:20或1:50的比例画出，要求尽可能与基础平面图画在同一张图纸上，以便对照施工。具体作图步骤如下：

① 画出与基础平面图相对应的定位轴线。

② 画基础底面线、室内地面、室外地坪标高位置线。根据基础高、宽尺寸画出基础断面轮廓，不画基坑线。

③ 画出砖墙、大放脚断面和防潮层。

④ 标出室内地面、室外地坪、基础底面标高和其他尺寸。

⑤ 书写有关混凝土、砖、砂浆的强度等级和防潮层材料及施工技术要求等说明。

5. 基础施工图的阅读　阅读基础施工图时，一般应注意以下几点。

1）检查基础施工图的平面布置与建筑施工图中的首层平面图是否一致。

2）把基础平面布置图与基础详图对照阅读，明确墙体与轴线的位置关系是对称轴线还是偏轴线。

3）在基础详图中阅读出各部位的尺寸及主要部位的标高。

4）阅读出地下管沟的位置、大小及具体做法。

5）查明所用的各种材料及对材料的施工要求。

9.3 结构施工图

9.3.1 结构平面布置图

结构平面布置图是表示建筑物各构件（梁、板、柱等）平面布置的图样，可分为楼层结构平面布置图和屋面结构平面布置图。

1. 结构平面布置图的形成　楼层结构平面布置图是假想沿楼板面将房屋水平剖切后，移去上部，作下部的水平正投影。在结构平面布置图中主要表达该层楼盖中梁、板、柱以及下层楼盖以上的门窗过梁、圈梁、雨篷等构件的布置情况。

2. 结构平面布置图的用途　结构平面布置图是柱、梁、板等构件施工的重要依据，也是编制施工图预算的重要依据。对于多层建筑，一般应分层绘制，但如果各层构件的类型、大小、数量及布置方式均相同，可只画一个标准层结构平面布置图。楼梯间或电梯间另有详图，可在平面布置图上用一对角线来表示。

3. 结构平面布置图的主要内容　以图9-6所示的结构平面布置图为例，介绍结构平面布置图的主要内容。

（1）轴线　为了准确地确定柱、梁、板及其他构件的浇注位置，应画出与建筑平面图完全一致的定位轴线，并标注其编号及轴线间的尺寸。

（2）墙和柱　墙和柱的平面位置虽然在建筑施工图中已经表达清楚了，但是在结构平面布置图中仍然需要画出它的平面轮廓线。

（3）楼板　楼板相关构造的平法施工图设计，用在板平法施工图上直接引注的方式表达，纵筋加强带的平面形状及定位由平面布置图表达，加强带内配置的加强贯通纵筋由引注内容表达。纵筋加强带设单向加强贯通纵筋，取代其所在位置板中原配置的同向贯通钢筋，根据受力需要，加强贯通纵筋可在板的下部位置，也可在板的上部和下部都布置，如图 9-6 所示。

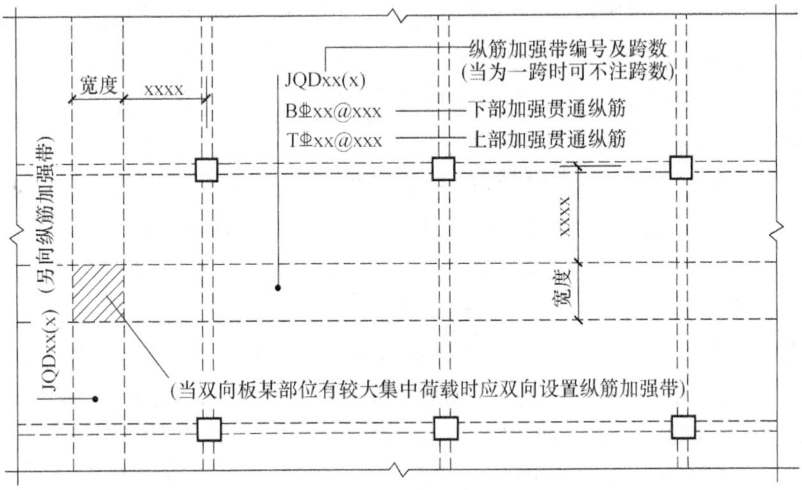

图 9-6　纵筋加强带引注图示

（4）梁　梁在结构平面布置图上用梁的轮廓线表示，也可用单粗点画线表示，并注写上梁的代号及编号，也可以在楼板平面图上标出位置，而在其他图上进行绘图表示。梁平法施工图是在梁平面布置图上采用平面注写方式或截面注写方式表达。梁平面布置图应分别按照梁的不同结构层（标准层），将全部梁和与其相关联的柱、墙、板，采用适当比例绘制。梁平法施工图中，尚应按照有关规定注明各结构层的顶面标高及相应的结构层号。对于轴线未居中的梁，应标注其偏心定位尺寸。梁的平面注写方式是在梁平面布置图上，分别在不同编号的梁中各选一根梁，用在其上注写界面尺寸和配筋具体数值的方式来表达，如图 9-7 所示。

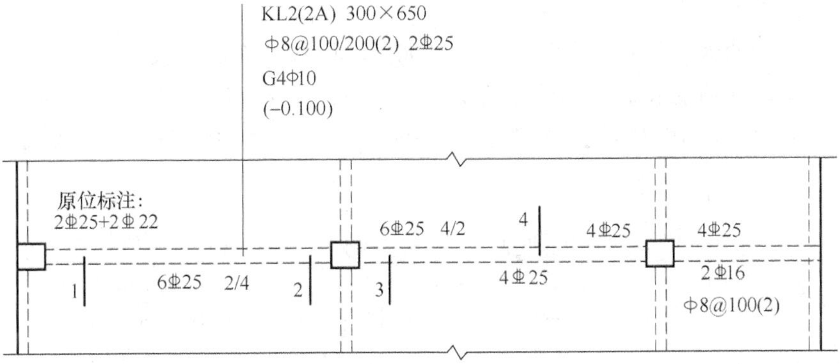

图 9-7　梁平面注写方式示例

（5）圈梁与过梁　为了增强建筑物的整体稳定性，提高建筑物的抗风、抗震和抵抗温度变化的能力，防止地基发生不均匀沉降等对建筑物造成的不利影响，常在基础顶面、门窗洞口顶部、楼板和檐口等部位的墙内设置连续而封闭的钢筋混凝土梁，这种梁称为圈梁；为了支撑门窗洞口上面墙体的重量，并将它传递给两旁的墙体，在门窗洞口顶上沿墙设一道梁，这种梁称为过梁。设在基础顶面的圈梁称为基础圈梁；设在门窗洞口顶部的圈梁常取代过梁的作用。为清楚起见，在结构平面布置图中，圈梁常用粗虚线或粗点画线表示。

9.3.2　构件详图

1. 钢筋混凝土构件详图的内容　钢筋混凝土构件详图一般由模板图、配筋图、预埋件详图及钢筋明细表组成。

（1）模板图。模板图主要表示构件的外形尺寸及预埋件、预埋孔的位置及尺寸，多用于较复杂的构件，以便于模板的制作和安装。

（2）配筋图。钢筋混凝土构件内部的钢筋在外观图上是看不到的，为了表示构件内部钢筋的配置情况，假定混凝土是透明的，这种只表示构件内部钢筋配置情况的图就称为配筋图。配筋图主要表示构件内部各种钢筋的形状、大小、数量、级别及排列情况。

1）配筋图的分类。配筋图分为立面图、断面图和钢筋详图。

①　立面图。立面图主要表示构件内钢筋的立面形状及其上下排列的位置。构件立面轮廓线用细实线表示，钢筋用粗实线表示。图中箍筋只反映出其侧面（一条线），当它的类型、直径、间距均相同时，可只画出其中一部分。

②　断面图。断面图主要表示构件内钢筋的上下和前后的排列，箍筋的形状及其与其他钢筋的连接关系。构件的断面轮廓线用细实线表示；钢筋的横断面用黑点表示；箍筋用粗实线表示。一般在构件断面形状或钢筋的数量、位置发生变化之处，都要画一断面图。剖切位置通常位于支座和跨中，并在立面图中画出剖切位置线，断面图中不再画出材料图例。

③　钢筋详图。根据钢筋受力情况，构件内部钢筋的种类和数量比较多，而且需弯成各种形状，为了表达清楚，便于施工和编制工程预算，常把不同规格的钢筋单独抽出来画在相应的投影位置上。同一编号的钢筋只画一根，并详细注写出钢筋的编号、级别、直径、数量（或间距）及各段长度与总长度，这种图样称为钢筋详图。

2）钢筋的标注。钢筋立面图和断面图中均应标注出一致的钢筋编号、级别、直径、数量（或间距）等，一般采用引出线方式标注（标注内容均应注写在指引线的水平线段上），如图 9-8 所示。具体标注方式有下列两种：

①　柱、梁内的受力筋和架立筋，标注其编号、根数、级别和直径。

②　柱、梁内的箍筋和板、基础内的钢筋，标注其编号、级别、直径和间距。

（3）预埋件详图。在浇筑钢筋混凝土构件时，为了吊装和构件连接的需要，常在构件

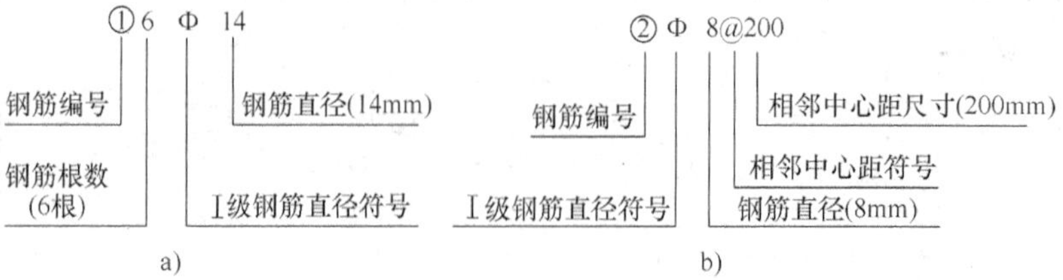

图 9-8　钢筋的标注方法

的一定位置设置一定数量的预埋件，如吊环、钢板等。

（4）钢筋明细表。在钢筋混凝土构件详图中，除了画出上述配筋详图外，还需将构件中所使用的钢筋，列出一个详细的说明表格，该表称为钢筋明细表。在钢筋明细表中，要标明钢筋的编号、简图、直径、级别、单根长度、根数、总长度和总重等内容。它是钢筋施工下料和编制预算的主要依据。

2. 钢筋混凝土构件详图的识读

1）读图时先看图名。

2）仔细阅读说明，了解钢筋的种类、混凝土的强度等级等。

3）阅读钢筋立面图、平面图及断面图，了解各种编号钢筋的形状及数量。

4）阅读钢筋详图和钢筋明细表，从中了解各种钢筋的用料情况。

当然，与其他施工图一样，钢筋混凝土构件详图的识读步骤不是孤立的，要经常相互联系进行阅读，要能够熟练地应用投影关系、图例符号、尺寸标注等，读懂其空间形状，通过该构件的图名和结构平面布置图中的标注，了解该构件在房屋中的位置、作用等相关内容。

① 钢筋混凝土柱和剪力墙结构详图。图 9-9 所示为某建筑中现浇钢筋混凝土柱的平面整体表示方法。剪力墙平法施工图是在剪力墙平面布置图上采用列表注写方式或截面注写方式表达。剪力墙平面布置图可采用适当比例单独绘制，也可与柱或梁平面布置图合并绘制。当剪力墙较复杂或采用截面注写方式时，应按标准层分别绘制剪力墙平面布置图。

② 钢筋混凝土梁结构详图。钢筋混凝土梁结构详图的表示方法如图 9-7 所示。详图要表示出梁的编号、梁的跨数及是否悬挑、梁的截面尺寸、钢筋配置情况，其中钢筋配置情况包括集中标注和原位标注。

③ 钢筋混凝土板结构详图。钢筋混凝土现浇板结构详图的表示方法如图 9-7 所示，建筑工程图样中认为混凝土是透明材料，图中直接表示出板中受力钢筋、构造钢筋的配置情况，如钢筋的种类、直径及间距。板中钢筋是双层双向放置的，表示时应加以区别。

9.3.3 结构平面布置图的绘制

1）选比例和布图。结构平面布置图一般采用 1∶100，较简单时可用 1∶200，画出轴线及轴网。

2）定墙、柱、梁的大小及位置。用中实线表示剖切到或可见的构件轮廓线；用中虚线表示不可见构件的轮廓线。门窗洞一般不画出。

3）画板的投影。除了画出楼层中梁、柱、墙的平面布置外，主要应画出板的钢筋详图，来表示受力筋的形状和配置情况，并注明其编号、规格、直径、间距或数量等。每种规格的钢筋只画一根，按其立面形状画在钢筋安放的位置上。

4）标注出与建筑平面图相一致的轴线间尺寸及总尺寸。注说明、写文字（包括写图名、注比例）。

9.4 楼梯结构施工图

楼梯由梯板、休息平台、栏杆和扶手等构件组成。按平法设计绘制的楼梯施工图，一般是由楼梯的平法施工图和标准构造详图两大部分构成。按平法设计绘制结构施工图时，应用表格或其他方式注明包括地下和地上各层的结构层楼（地）面的标高、结构层高和相应

层号	标高/m	层高/m
屋面2	65.670	
塔层2	62.370	3.30
屋面1（塔层1）	59.070	3.30
16	55.470	3.60
15	51.870	3.60
14	48.270	3.60
13	44.670	3.60
12	41.070	3.60
11	37.470	3.60
10	33.870	3.60
9	30.270	3.60
8	26.670	3.60
7	23.070	3.60
6	19.470	3.60
5	15.870	3.60
4	12.270	3.60
3	8.670	3.60
2	4.470	4.20
1	−0.030	4.50
−1	−4.530	4.50
−2	−9.030	4.50

结构层楼面标高
结构层高

上部结构嵌固部位
−0.030

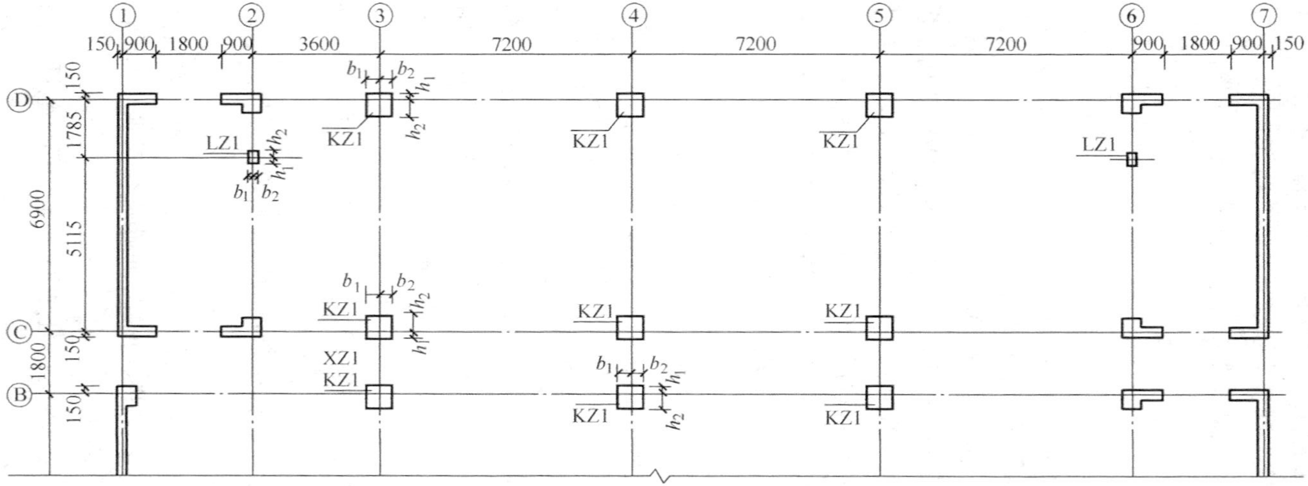

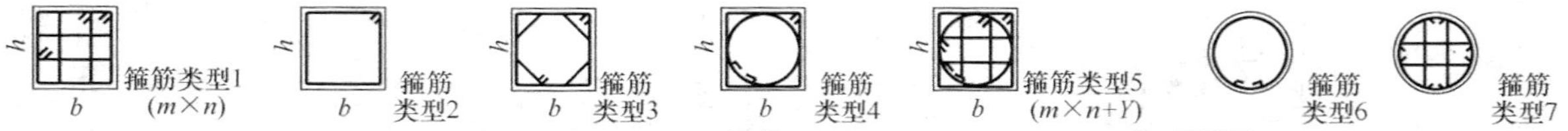

柱表

柱号	标高	b×h（圆柱直径D）	b_1	b_2	h_1	h_2	全部纵筋	角筋	b边一侧中部筋	h边一侧中部筋	箍筋类型号	箍筋	备注
KZ1	−0.030～19.470	750×700	375	375	150	550	24Φ25				1(5×4)	Φ10@100/200	—
	19.470～37.470	650×600	325	325	150	450		4Φ22	5Φ22	4Φ20	1(4×4)	Φ10@100/200	
	37.470～59.070	550×500	275	275	150	350		4Φ22	5Φ22	4Φ20	1(4×4)	Φ8@100/200	
XZ1	−0.030～8.670						8Φ25				按标准构造详图	Φ10@100	③×Ⓑ轴KZ1中设置

−0.030～59.070柱平法施工图(局部)

注：1.如采用非对称配筋，需在柱表中增加相应栏目分别表示各边的中部筋。
2.抗震设计时箍筋对纵筋至少隔一拉一。
3.类型1、5的箍筋肢数可有多种组合，右图为5×4的组合，其余类型为固定形式，在表中只注类型号即可。

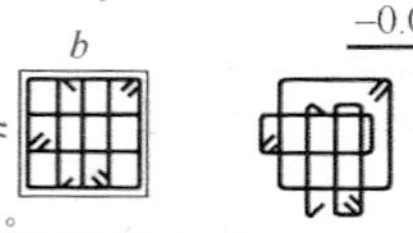

箍筋类型1(5×4)

图 9-9 某建筑中现浇钢筋混凝土柱的平面整体表示方法

的结构层号。为确保施工人员在使用过程中不出现差错，在具体工程的结构设计总说明中应按照《混凝土结构施工图平面整体表示方法制图规则和构造详图》（11G101-2）的要求，必须写明与平法施工图密切相关的内容：

1. 注明所选用平法标准图的图集号。

2. 注明楼梯所选用的混凝土强度等级和钢筋级别，以确定相应受拉钢筋的最小锚固长度和最小搭接长度等。

3. 注明楼梯所处的环境类别。

4. 楼梯的抗震等级。

5. 当标准构造图集有多种可选择的构造做法时，写明在何部位选用何种构造做法等。

参考文献

[1] 罗康贤，等．建筑工程制图与识图［M］．广州：华南理工大学出版社，2008.
[2] 莫章金，毛家华．建筑工程制图与识图［M］．2版．北京：高等教育出版社，2006.
[3] 何培斌．建筑制图与识图［M］．武汉：武汉理工大学出版社，2008.
[4] 魏明．建筑构造与识图［M］．北京：机械工业出版社，2008.
[5] 王强，张小平，等．建筑工程制图与识图［M］．2版．北京：机械工业出版社，2010.
[6] 白丽红．建筑工程制图与识图［M］．北京：北京大学出版社，2009.
[7] 马光红，等．建筑制图与识图［M］．2版．北京：中国电力出版社，2009.
[8] 吴运华，高远．建筑制图与识图［M］．2版．武汉：武汉理工大学出版社，2004.

21世纪高职高专系列教材书目（基础课及土建类）

（有*的为普通高等教育“十一五”国家级规划教材并配有电子课件）

*高等数学（理工科用）（第2版）
高等数学学习指导书（理工科用）（第2版）
计算机应用基础（第2版）
应用文写作
应用文写作教程
经济法概论
法律基础
法律基础概论
*C语言程序设计

建筑制图（第2版）
建筑制图习题集（第2版）
建筑Auto CAD2009中文版
建筑CAD
建筑制图与识图
建筑制图与识图习题集

设计素描
构成
*建筑力学（第2版）
建筑材料
土木工程材料
道路建筑材料
土木工程基础试验教程
建筑工程测量
钢筋混凝土结构及砌体结构
*房屋建筑学（第2版）
*土力学及地基基础（第2版）
建筑设备
*建筑给排水

*建筑电气
建筑施工（第2版）
*房地产开发与经营（第2版）
建筑工程概预算（第2版）
建筑工程量清单与计价
房屋维修与预算
建筑装饰装修材料
建筑装修装饰构造
建筑装饰设计
建筑装修装饰设计
楼宇智能化技术
钢结构
多层框架结构
建筑施工组织